儲かる　農業ビジネス

目次

はじめに

農業は近年、成長産業として各方面から注目を集めています。ただ、生産性が低い分野と捉えられることも多く、一般にネガティブなイメージもいまだ付きまとっているように思われます。具体的には「小規模」「儲からない」「担い手の高齢化」「後継者不足」「仕事がきつい」「天候に左右され不安定」など…。残念ながら、どれもそう見られてしまうだけの理由・現況があるようです。

例えば全農家の経営耕地面積の平均は1・9ヘクタール（2009年）で、米国198ヘクタール、ドイツ46ヘクタール、フランス56ヘクタール、イギリス59ヘクタールと先進各国に比べて、極めて小規模です。経営耕地が30アール以下または販売金額が50万円未満の農家（自給的農家）も全体の4割近くを占めています。一方で農家が貧しいかと言えば、決してそのようなことはありません。農家総所得は平均526万円（2017年）。農業から得られる所得は191万円にとどまりますが、会社勤務や不動産賃貸などの兼業収入でカバーしているのです。

兼業しながら受け継いだ農地を守り、金にはならなくても農業を営むという選択はあって当然ですし、もちろん批判される筋合いもないでしょう。しかし、農業を産業・ビジネスと捉えた場合、別の問題が立ち現われてきます。担い手の高齢化、減少を放置したままでは先細りは不可避です。日本の「食」を支える農業を時に流されるままに縮小させてよいはずはありません。

新鮮でおいしくて安全な農産物の需要はますます旺盛ですし、国内だけでなく国外からの需要も今後伸びが見込まれています。農業が持つ大きな可能性はおのずと明らかなのです。それにもかかわらず「どうせ儲からないから」という先入観が参入をためらわせているとしたら、不幸なことです。関係者が率先して旧来の農業のイメージを払拭し、やりがいと魅力がある新たな農業を積極的に創り発信していく必要があります。

静岡県内では既に行政や民間有志の取り組みが始まっています。県は他に先駆けて農業を成長産業と位置付け、20年ほど前からビジネスとして農業を行おうとする者を支援する姿勢を明確に打ち出しています。特に担い手となる「ビジネス経営体」の育成を軸に据え、新たな農業構築を目指しています。マーケティング戦略に基づいて商品・サービスを提供し、一定の雇用と販売規模を有し、永続的で成長を志向する経営体――。そうした条件を満たす県内のビジネス経営体の数は381（2014年）、推定販売額は748億円と、全県の農業産出額の3分の1を占めるまでになっています。試行錯誤の歩みとその成果を振り返れば、農業をもっと儲かり、やりがいのある、誰もが憧れる産業としていくためビジネス化の重要性は明らかでしょう。

本書は、新農業ビジネス研究会を主宰する静岡産業大学の大坪檀、堀川知廣の2人が企画・構成しました。農業に新たに挑戦してみようと考えている人、既に農業に従事しさらなる飛躍（法人化、事業拡大）を展望している人にとって参考となり、その志を鼓舞できるようまとめたつもりです。農業ビジネスにさまざまに関わっている方々に執筆をお願いし、農業法人、農協、量販店、行政などの実践を紹介しています。さらに、経営学の知見を農業ビジネスに応用してもらえるよう解説しました。特に基本となるマーケティングについては、重複してもあえて視点を変え、できるかぎり丁寧に取り上げました。

さて、農業ビジネスを成功に導く決め手は一体何でしょうか。適切なマーケティング、ＩＣＴなど情報技術、生産ノウハウ、行政・金融機関の支援と色々と挙げることはできますが、何よりも当事者に熱情（パッション）がなくては始まりません。本書が魅力的な農業の姿を少しでも浮かび上がらせ、意欲的で企業家精神にあふれる人たちにとって志の口火としていただけたなら幸いです。

第1章

農業ビジネスの現状と取り組み

第1節　これからの農業ビジネス（堀川知廣）

農業のイメージ

皆さんは、日本の農業に対してどのようなイメージを持っているのでしょうか。「農地の減少」「なり手がいない」「高齢者ばかり」「規模が小さい」「儲からない」「重労働」「汚れ仕事」「格好悪い」など、農業＝衰退産業と思っている人が多いのではないでしょうか。

その一方、最近、企業の参入、ＩＣＴ（情報通信技術）、ＩｏＴ（モノのインターネット）、ＡＩ（人工知能）の活用などの先端技術を活用した企業としての農業に取り組む者や、６次産業化や異業種と連携した新商品を開発し売り出す者、レストランを開いたり、輸出で一儲けを目指したりする者など、農業を面白い産業だとして取り組む事例も見られるようになりました。

これまで、農業に取り組む若者は、「自然が好き」「田舎の暮らしがしたい」「自分で食べるものは自分で作りたい」「家族と一緒に取り組みたい」など、自分のために農業をやろうとする場合が多かったようです。しかし、いざ農業を始めてみると、理想とのギャップの大きさにショックを受けるケースも少なからずあることも事実です。

私の友人の何人かは、サラリーマンを中途あるいは定年で退職してから農業に取り組んでいます。メールや手紙の近況報告を見ますと、農業を始めて6年目のUさんは、数十種類の野菜を栽培し、自宅前の直販所で販売して立派に稼いでいるし、高校の同級生のOさんは、山陰地方の中山間地の環境を活かし、無農薬など付加価値の高いコメづくりに取り組み、通信販売しています。また、静岡県の元職員で私の先輩でもあるWさんは、標高500mの富士山麓で、カラフルでアートのような西洋野菜を育て、シェフたちが買い付けに来るような農業を行っています。

これらの人に共通しているのは、人とは違った農業経営をしていることです。販売の対象も明確に設定し、買ってくれる人たちに喜んでもらえるような農産物を作っていることです。また、それぞれが農業技術の専門知識や技術を持ち、マーケティングの理論や実践手法を身に付け、コミュニケーション能力が高いことです。単なる農業への憧れや思いだけで、農業に取り組んだのではありません。「きつい、汚い、危険」の3Kのイメージは、全くありません。専業で農業を行っているのも重要な点です。企画づくりや、計画的な管理、予算管理などはサラリーマンの時に十分な能力を身に付け、これらの経験を農業に活用していることも大切な点です。何より、「面白がって」取り組んでいるように見えます。気象や土地などの自然条件、都市近郊や中山間地域などの立地条件、販売先や価格設定などの経済条件など、多様な変数の組み合わせで、作る農作物を決めることが大切です。他人と同じものを後追いで生産していても儲かる農業には結び付きません。やりがいがあり、面白い農業は実践できません。

それでは、農業とはどんな産業なのかを、具体的な事例を挙げながら、見ていきましょう。農業のイメージが変わるかもしれません。農業をやってみようと思うかもしれません。まずは、世界の農業、日本の農業の位置などを一通り紹介をしてから、面白い農業、やりがいのある農業、どんな農業が行われているかを見ていきましょう。

世界の食料需給

日本の食料需給は食料自給率からおおむね推測がつきます。日本の食料自給率はカロリーベースで40%に満たない状況です。全く足りないといってもいいでしょう。それでは、世界では食料は足りているのでしょうか。

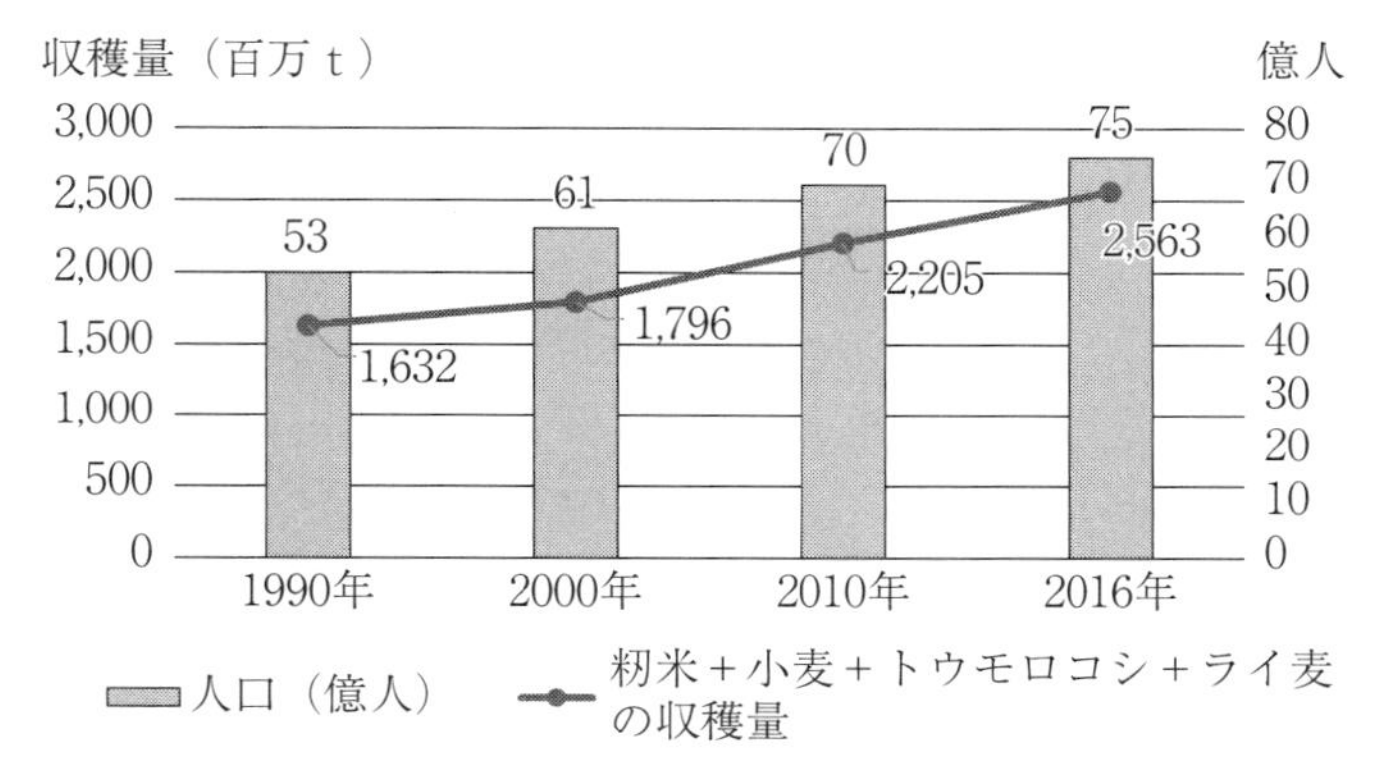

図 1-1-1　籾米・小麦・ライ麦・トウモロコシの収穫量と世界人口の推移

（出所：FAOSTATから作成）

ＦＡＯ（国際連合食糧農業機関）のデータベースによると、２０１６年の世界のコメの生産量は籾米（もみごめ）で７・４億トン、小麦が７・４億トン、トウモロコシ・ライ麦が10・7億トン、大豆３・35億トンです。これを世界人口76億人で除すると、籾米が97kg、玄米に換算すると73kg、小麦が97kg、精麦後68kg、トウモロコシ・ライ麦１４１kgとなります。人が一食で食べる量は、約１合１５０gですから、１年間に１７０kg程度あればまずまずのところ。生きていく上でのエネルギーとなる穀物は、ほぼ足りていると考えられます。

主要穀物の収穫量と世界人口は同じように増えていることが分かります（図１‐１‐１）。

これまでは、人口の増加に合わせて穀物の生産量が増加、逆の見方をすれば、食料が増加するのに合わせて人口が増加しています。米国農務省が発表している世界の農業供給と需要の予測でも、毎年20％強の期末在庫量があることから、すぐに世界的な食料危機が起こる可能性は少ないとみてよいでしょう。

それでは将来は―。農林水産省が発表した「２０５０年における世界の食料需給見通しのポイント」によりますと、世界の人口およびＧＤＰ総額は、開発途上国、中進国を中心に大幅な伸びが見込まれ、２０５０年、97億人を養うためには、食料生産を２０００年に比べ１・55倍に引き上げる必要があるとしています。また、食料需要は、開発途上国、中進国の拡大が著しく、特に中国、インドは、世界の食料需給に大きな影響を与える存在になると予測しています。

これまで、農業生産は、技術革新によって、単位面積当たりの収穫量（単収）を向上させることで伸びてきました。しかしながら、先進国では、これまでと同じような農業技術では、単収の伸びはあまり期待できそうにありません。発展途上国では、先進国がこれまで開発した農業技術を導入することで、ある程度の生産増加は期待できると思いますが、一方で、農業用水の確保や肥料などによる土壌の劣化などの農業生産を制限する要因について心配されるところです。

世界的に食料が不足するようになると、わが国のように、食料の多くを輸入に頼っている国は、大きな影響を受けざるを得ません。外交努力で仲の良い国との関係を保っているだけでは、不十分です。異常気象や災害、戦乱など不測の事態による一時的な食料需給の逼迫はしのげたとしても、人口増加による長期的で絶対的な食料不足に対しては、農地の確保、革命的な農業技術の開発が必要となります。

日本の食料事情

日本人は現在、食べることに困ることはほとんどありません。しかし、私の子供のころ（昭和30年前後）には、食事は質素で、ご飯とおみそ汁、副菜は1品、これに香の物が付くぐらいでした。家で飼っていた鶏が卵を産まなくなると、つぶしてカレーに入れるとごちそうでした。このような時代と比べると、現在の日本に食料事情は、世界の中でも特別豊かであると言ってもいいでしょう。

さて、食料事情を語る時、食料自給率の低さがよく取り上げられます。食料自給率とは、国内の食料消費が国産でどの程度賄われているかを示す指標です。わが国の食料自給率は、コメの消費が大きく減少し肉類や油の使用量が多くなってきたこと、これに合わせ、輸入

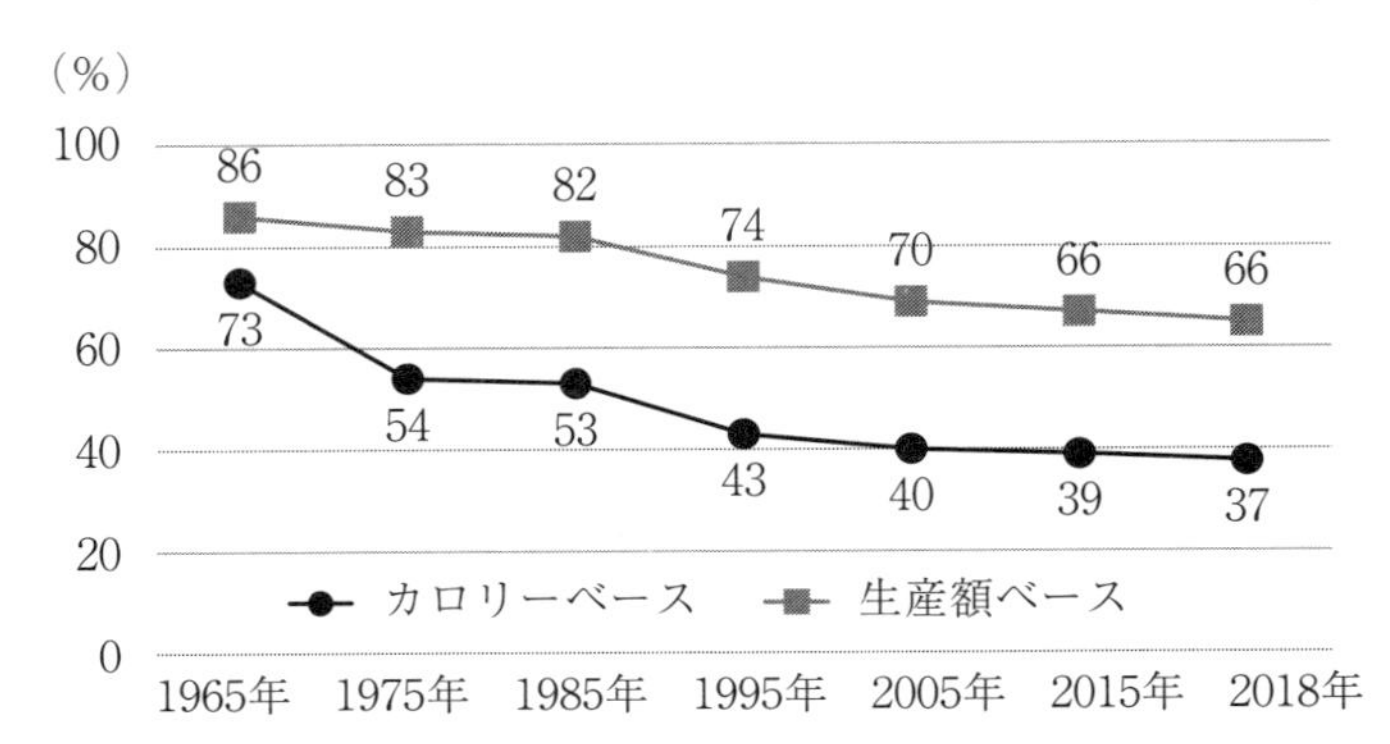

図 1-1-2　我が国の食料自給率の推移

(出所：農林水産省「平成30年度食料自給率について」)

農産物の量が増加したこと、国内の農産物生産に偏りがあることなどから、1965年にカロリーベースでみると、73%であったものが、1990年代には50%を割り、現在では37%（2018年度）となっています。

また、生産額ベースでみても年々低下しており、2015年は66%にまで落ち込みました。これは、輸入農産物の影響が大きく、短期的には円安に振れると、輸入価格が上がり、生産額ベースでの食料自給率は下がります。加えて、国内生産額が減少すると、自給率は低下します。

カロリーベースの食料自給率の中身を見てみましょう。コメは自給率が97%でほぼ自給できています。一人当たりの年間コメの消費量は2017年54kgですが、2000年の85kgと比較すると、食べる量は31kgも減りました。米のでんぷんは熱量のもとなので、コメの消費が食物全体の消費の中で減少することは、カロリーベースの食料自給率の低下に直接結び付いてきます。

コメの他に、自給率の高いものは野菜76％、魚介類62％です。果物は国産のものが多く消費されているように思えますが35％です。畜産物は高くても国産の肉を選んで購入している方が多いようですが、輸入飼料で生産する部分がカロリーベース計算で64％あり、国産の飼料で生産されている肉は17％程度です。低いものでは油脂類3％、小麦15％が挙げられます。油脂類と小麦は食事の中の供給熱量の30％を占めますので、この二つを外国産に頼っている限り、カロリーベースの食料自給率は上がることはありません（いずれも2015年の値）。

食料の輸入が順調に推移している限り、わが国で食料危機が起こることはありませんが、自国の食べ物は自国で生産できる方が望ましいことは誰もが考えることです。

日本の農業生産は世界の中でも指折りの位置にあります。農業大国であることは、後で具体的な数字を挙げて説明します。しかしながら、農林水産省が公表しているカロリーベースの世界各国の食料自給率はアメリカ130％、ドイツ95％、イギリス63％、フランス127％ですから、日本は特別に低いのです。

どうしたらよいのでしょうか。

一つは、農業生産の基盤となる農地の減少を食い止め、優良農地はしっかり守り、確保していくことです。

それでは農地はどれくらい必要となるのでしょうか。

人が一人生きていくのに必要な農地を計算してみました。最も効率よく穀物、野菜、果物、飼料を生産すると約650㎡もあれば、計算上は今の食生活を維持できることが分かりました。日本人全体では、約780万ヘクタールの農地が必要と計算できます。わが国の農地面積は、21世紀当初には約500万ヘクタール弱ありましたが、現在約450万ヘクタールです。330万ヘクタール足りないことになります。しかし、農業技術の開発、野菜工場での生産、生産効率の良い農地利用、食料廃棄の抑制などで、食料自給率はかなり改善できるのではないでしょうか。

心配なデータもありました。和食が世界無形文化遺産になりましたが、大手広告代理店の研究所の報告の中に、「和風料理が好きだ」と答えた人の割合は2016年50%にとどまり、毎年1%弱減っているとありました。男性は女性より和食好きが15%ほど少なく、働き盛りの40代でも44%、1998年から22%も減少しているそうです。刺し身、うどん・

そば、てんぷら、炊き込みご飯、焼き魚、野菜の煮物も好きな料理の順位を大きく下げているといいます。

食料自給率を上げるには難しい状況が続いています。子供のころから、地産地消、健康的な和食文化に親しむ環境づくりが大切です。

食料の輸出入

日本の農業産出額＝農産物の品目別生産数量（ただし二重計上をさけるため、種子、飼料等の中間生産物を控除）×農家庭先価格は、２０１６年は9・2兆円です。それでは、輸入はどれくらいあるのでしょうか。どんな農産物をどこから輸入しているかは後で述べますが、金額ベースで５・８兆円です。ちなみに輸出は４６００億円です。私たちの食べる農産物は、金額でみると、９・２兆円＋５・８兆円－４６００億円ですから、約14・5兆円、一人当たりにすると12万円程になります。日本人が赤ちゃんからお年寄りまで1年間に消費する農産物は12万円程だということです。多いと感じますか、少ないと感じますか。食事の時は、原料のまま、コメや野菜や果物を食べるわけではありませんので、実際の食品に支払う金額は、農林水産省の「農林漁業および関連産業を中心とした産業連関表」

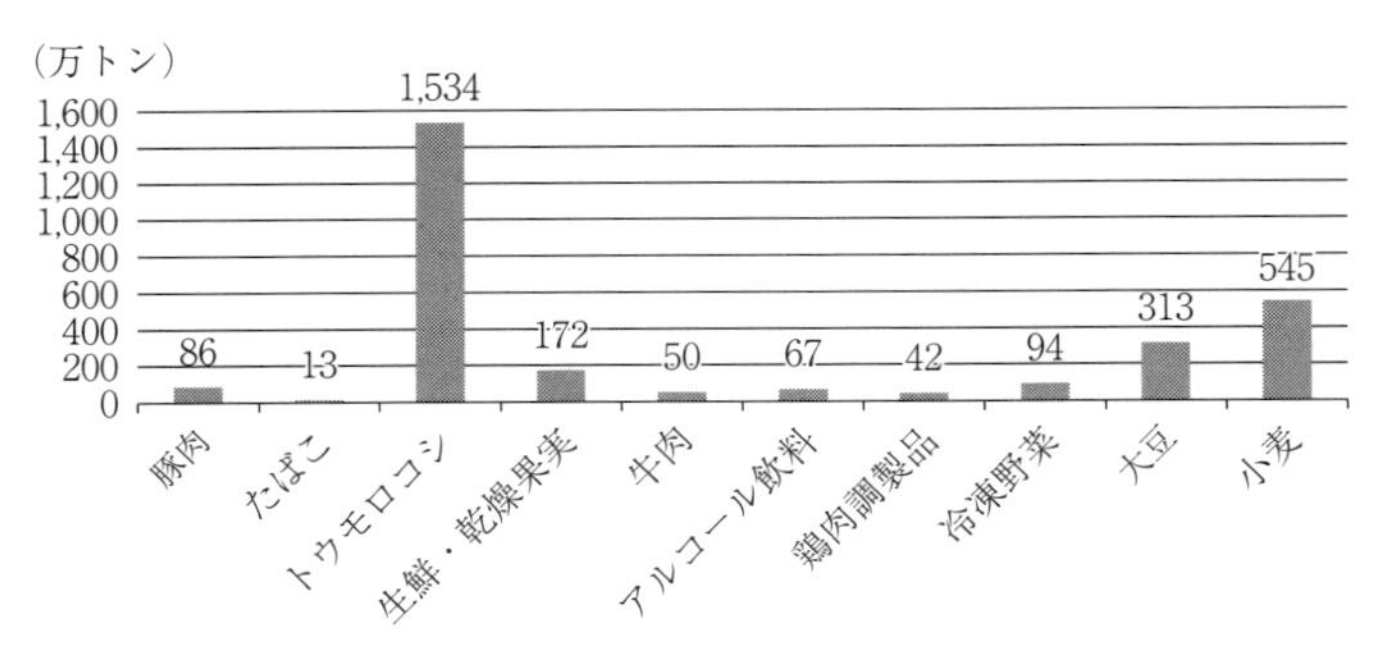

図 1-1-3　農産物輸入数量2016年上位10品目

（出所：農林水産省農林水産物輸出入概況2016年）

を参考にすると、この7倍近くになります。

どのようなものを輸入しているのでしょうか。農林水産省の農林水産物輸出入概況（2016年）の資料から、農産物の輸入ベストテンを見てみましょう（図1-1-3）。

数量ベースで輸入の最も多い品目は、トウモロコシで1534万トン、次いで小麦545万トン、大豆313万トン、生鮮・乾燥果実172万トン、冷凍野菜94万トンの順となり、飼料や油の原料となる農産物の輸入が多いことが分かります。国産米の生産量は860万トンですから、トウモロコシや小麦の輸入量がいかに多いかが分かります。

輸入金額別に見てみると、最も輸入額の多い品目は豚肉4528億円、次いでたばこ4396億円、トウモロコシ3332億円、生鮮・乾燥果実3175億円、

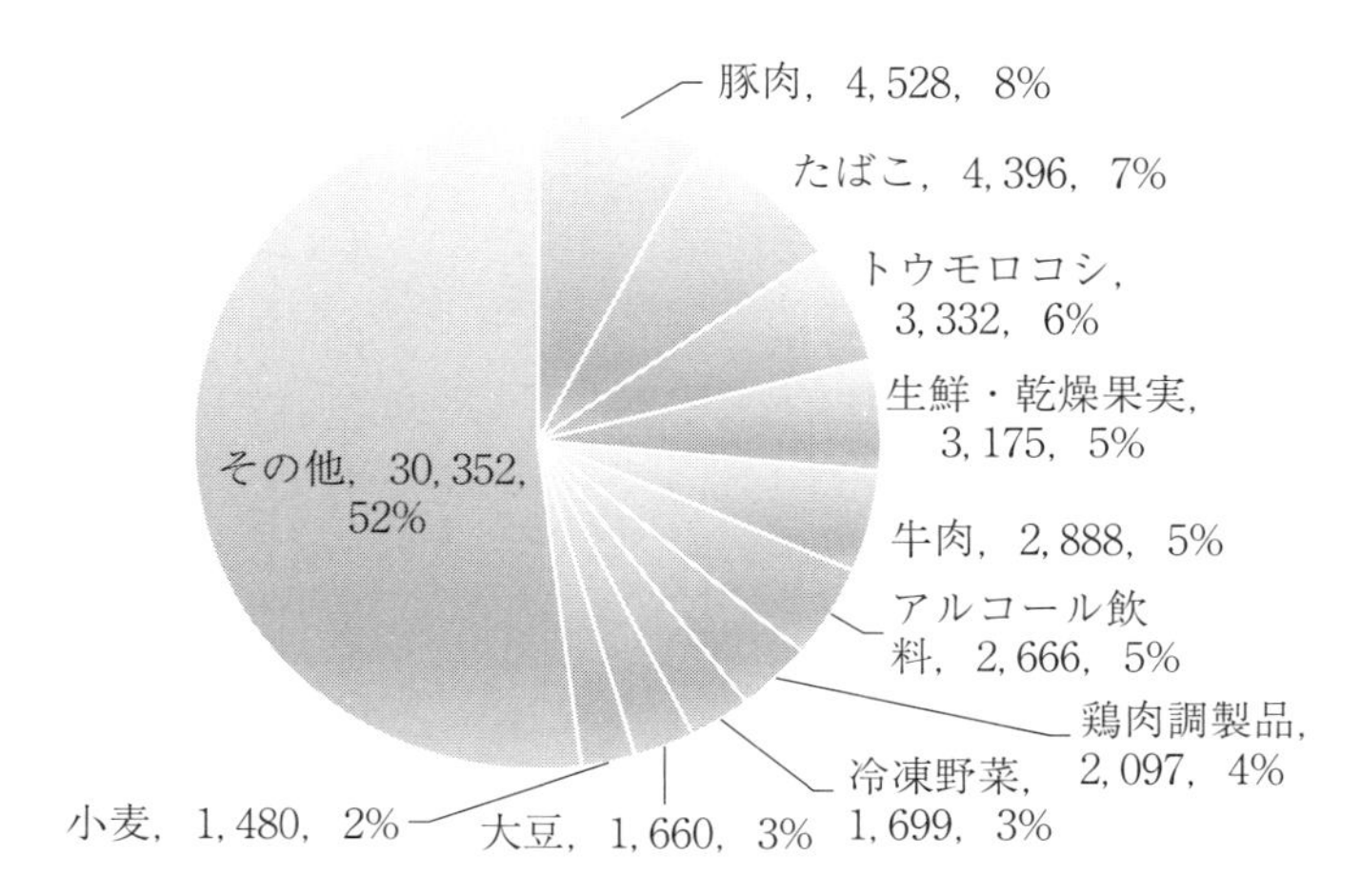

図 1-1-4　農産物輸入金額2016年（億円）

（出所：農林水産省農林水産物輸出入概況2016年）

牛肉2888億円の順となります。TPP（環太平洋連携協定）やEPA（経済連携協定）の貿易交渉の重要品目である豚肉、牛肉、ミカンなどの果実は輸入金額も大きい品目です。輸入金額の大きい10品目で、輸入品目全体の約半分を占めていることが分かります（図1-1-4）。

この円グラフを見て、コメ、野菜類、芋類がないのに気が付くのではないでしょうか。

コメは昔から日本人の大切なエネルギー源です。コメを食べたいという日本人の気持ちもあって、水田を整備し、コメ確保の政策が農政の最重要テーマでした。現在でも、減反政策はやめましたが、水田を守り、いざというときに十分な量のコメが国産できるようにしています。

野菜も大部分は国内生産で賄われています。重量ベースで80%が国産です。野菜は、冷凍や乾燥、加工すれば長期保存ができますが、新鮮な生野菜の輸入は簡単ではありません。また、かさばる生野菜は長距離・長時間輸送に向いていません。これからも生鮮野菜は国内産が主流であり続けるでしょう。大都市近隣の農業県の主要産物は野菜です。

芋類では、サツマイモは国内生産比率94%、バレイショは69%です。サツマイモは焼芋やてんぷら、焼酎の原料などに用いられ、日本では利用状況に応じた品質が要求されます。国内生産比率が高いのは高品質が求められているからでしょう。バレイショは国内生産の約6割が北海道で生産されています。また、静岡県の三方原ジャガイモのように、早掘りで高品質なばれいしょもあります。また、バレイショの大敵であるウイルスに侵されていない健全な種を供給するシステムが日本では確立しています。高品質で生産性の高いばれいしょはこれからも国産が大きな比率を占めると思われます。

グラフでは、生鮮・乾燥果実の輸入が多くなっていますが、日本の代表的な果物であるミカンは国内生産が100%、リンゴは60%です。

農家って何？

新聞やテレビのニュースで、「農家」「販売農家」「農業経営体」等と、農業をしている人たちが様々な呼び方をされています。日本の農業の作り手について述べる前に、これらの言葉を整理しておきましょう。

それでは、農家とは何でしょうか？

農家とは「経営耕地面積10アール以上の農業を営む世帯又は農産物販売金額が年間15万円以上ある世帯」と定義されています。

難しい言葉がたくさん出てきます。まず、「経営耕地面積」とは、自ら所有している耕地と借りて耕作している耕地の合計のことです。また、10アールは1千㎡で、1反（たん）と表現されることもあります。実際10アールでどれくらいの収入があるのか。例えば、水田では10アールで約５００kgの米が採れるとすると、約10万円となります。バレイショだと約50万円、タマネギ約70万円といったところです。

販売金額から生産経費、出荷経費、固定費を差し引くと、10アール当たりの所得は、コメで５万円、バレイショで10万円強、タマネギで20万円くらいです。このことから見える

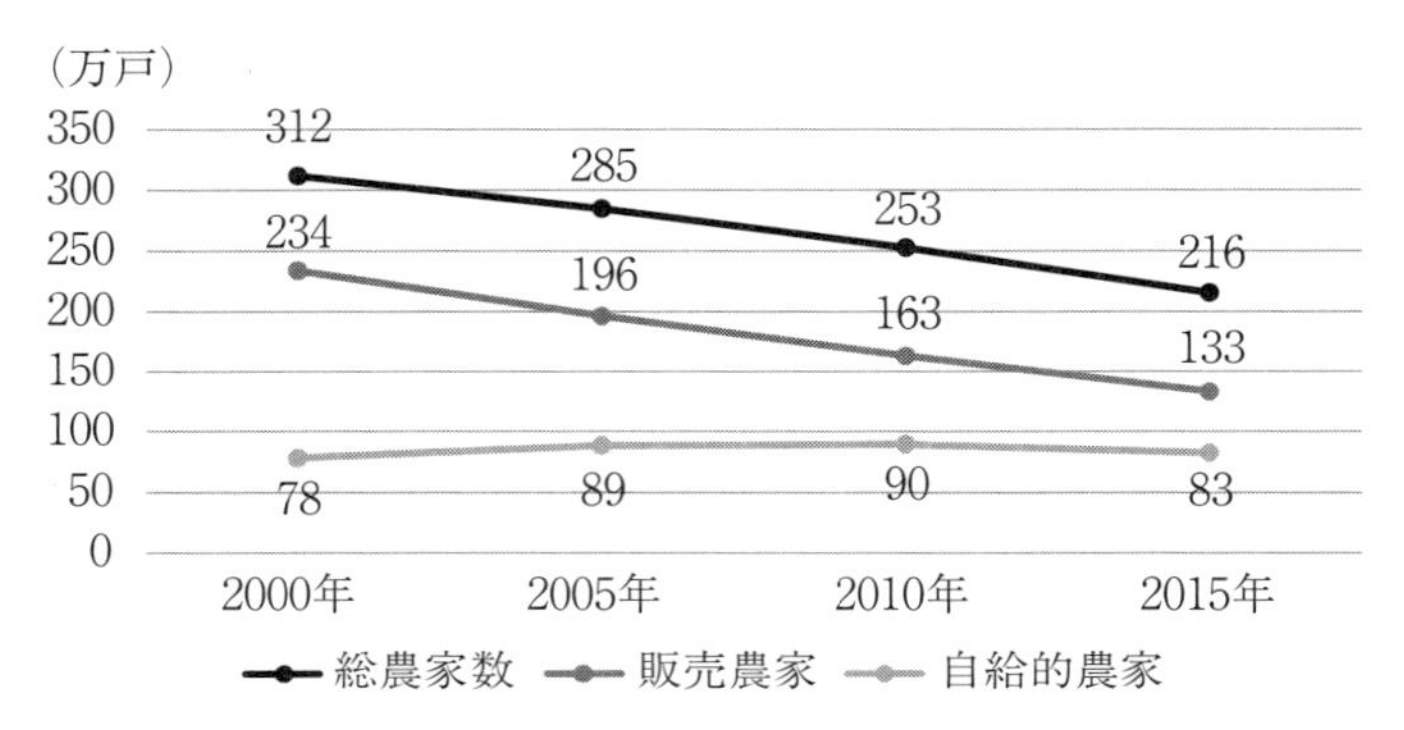

図 1-1-5　農家数の推移

（出所：農林業センサス）

ことは、10アール程度の耕地からの収入ではとても暮らしていけないということです。

耕地によく似た用語に農地があります。農地とは、農地法で耕作の目的に供されている土地と定義されており、土地に労資を加え、肥培管理を行って、作物を栽培している土地のことです。耕作放棄地も耕作しようとすればいつでも耕作できるようになっていれば農地とみなされます。

また、世帯とは、住居および生計を共にする者の集り、または独立して住居を維持しもしくは独立して生計を営む単身者（厚生労働省）のことです。これらのことから、農家とは個々の農業者のことではなく、農業を行っている世帯のことです。

前置きが長くなりましたが、農家数はどのように変化しているのでしょうか。

右のグラフは、農家数の推移を示しています。２０００年の３１２万戸から２０１５年には２１６万戸と96万戸も減少しています。１年間に約６万戸減少し続けていることになります。これまで日本の農家数が最高だったのは１９５０年で６１８万戸でしたから、この65年間に約三分の一になりました。

グラフには、販売農家数と自給的農家数を同時に掲載してあります。販売農家とは、経営耕地面積が30アール以上または農産物販売金額が50万円以上の農家のことで、自給的農家とは、経営耕地面積30アール未満かつ農産物販売金額が年間50万円未満の農家のことです。この15年間に、販売農家数は大きく減少していますが、自給的農家数は２０１０年まで増えました。これは販売農家が規模を縮小して自給的農家になったり、農業をやめたりしたことが原因です。

農家が減少したことで、農業は魅力のある産業ではなくなっているのかというと、必ずしもそうではありません。農産物の販売金額別の農家数を見ると、この5年間で、販売金額が３００万円未満の農家数は20％ほど減少しているのに対し、５千万円以上の農家は増えています。農家は２極化しています。３千万円から５千万円くらいが二極化の分岐点だと考えます。売り上げ３千万円程度の農家は、家族経営でも、２～４人程度の農業専業者が必要です。3千万円のうち半分程度が経営費ですから、所得は1500万円くらいでしょう。2~4人で年間収入が1500万円は多いと思いますか、少ないと思いますか。

販売金額は1千万円の農家は比較的規模の大きな専業農家ですが、所得が500万円となると、農業を続けていくかどうか、息子に農業を継がせるかどうかを迷う人も出てくるでしょう。

近年、法人経営体数が増加しています。2005年に8700経営体が、2010年には1万8857経営体に増えています。規模の大きな法人経営体も増勢にあり、5億円以上売り上げている経営も2015年には851経営体となり、10年間で50%以上も増えています。また、農産物販売金額全体に占める法人経営体の販売額シェアは約30%になんなんとしつつあります。

農業は成長産業だといわれています。これからも、規模の小さな農家は減少し、規模の大きな農家や法人経営体が増えていくでしょう。他産業からの参入も、そう簡単ではないという声もありますが、今後も着実に増加していくと考えます。

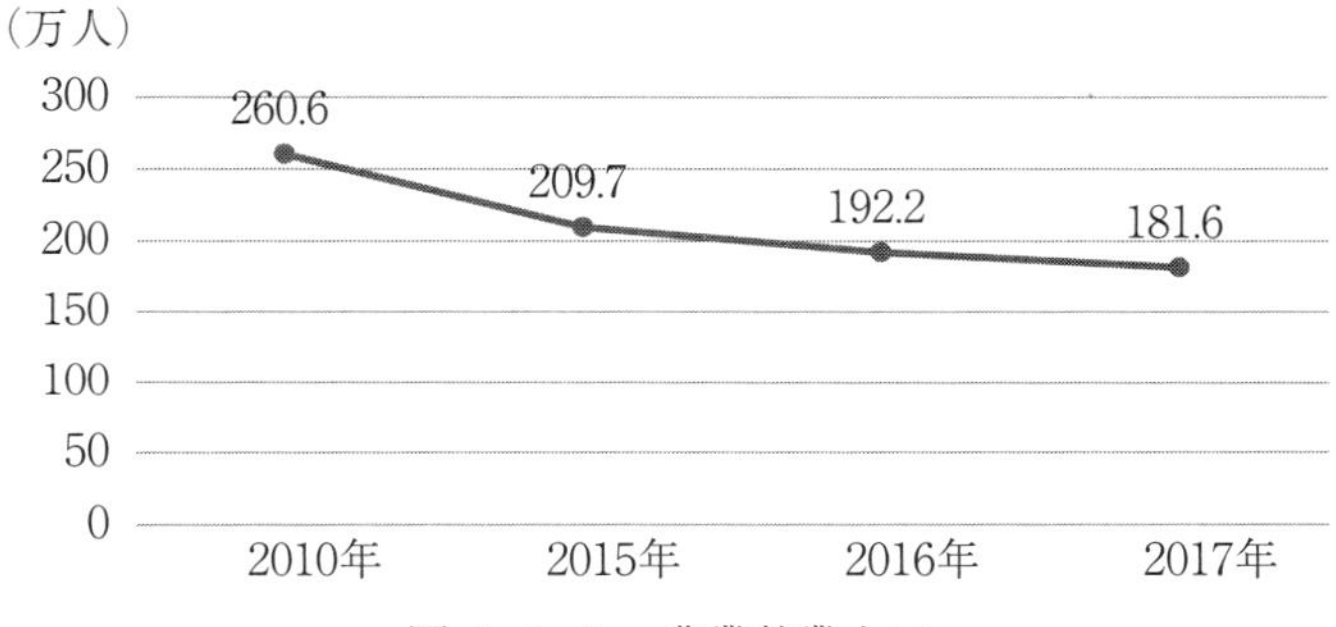

図 1-1-6　農業就業人口

（出所：農林業センサス）

農業者って何？

農家については、お分かりになったと思います。

農業は、これまで家族単位で行っていることが多く、収入も家族単位、農家単位で計算しています。しかし、最近では、大規模な農家でも、農業を職業にしているのは1人だけ、家族はそれぞれ働きに出ていて、雇用により労働力を確保することも多くなりました。また、機械化が進み、水田であれば20ヘクタール（20万㎡）程度であれば、繁忙期に雇用労力を使えば、1人でもこなせるようになりました。

２０１７年の日本の農業就業人口＝自営農業に従事した世帯員（農業従事者）のうち、調査期間前1年間に自営農業のみに従事した者または農業とそれ以外の仕事の両方に従事した者のうち自営農業が主の者＝は１８１．

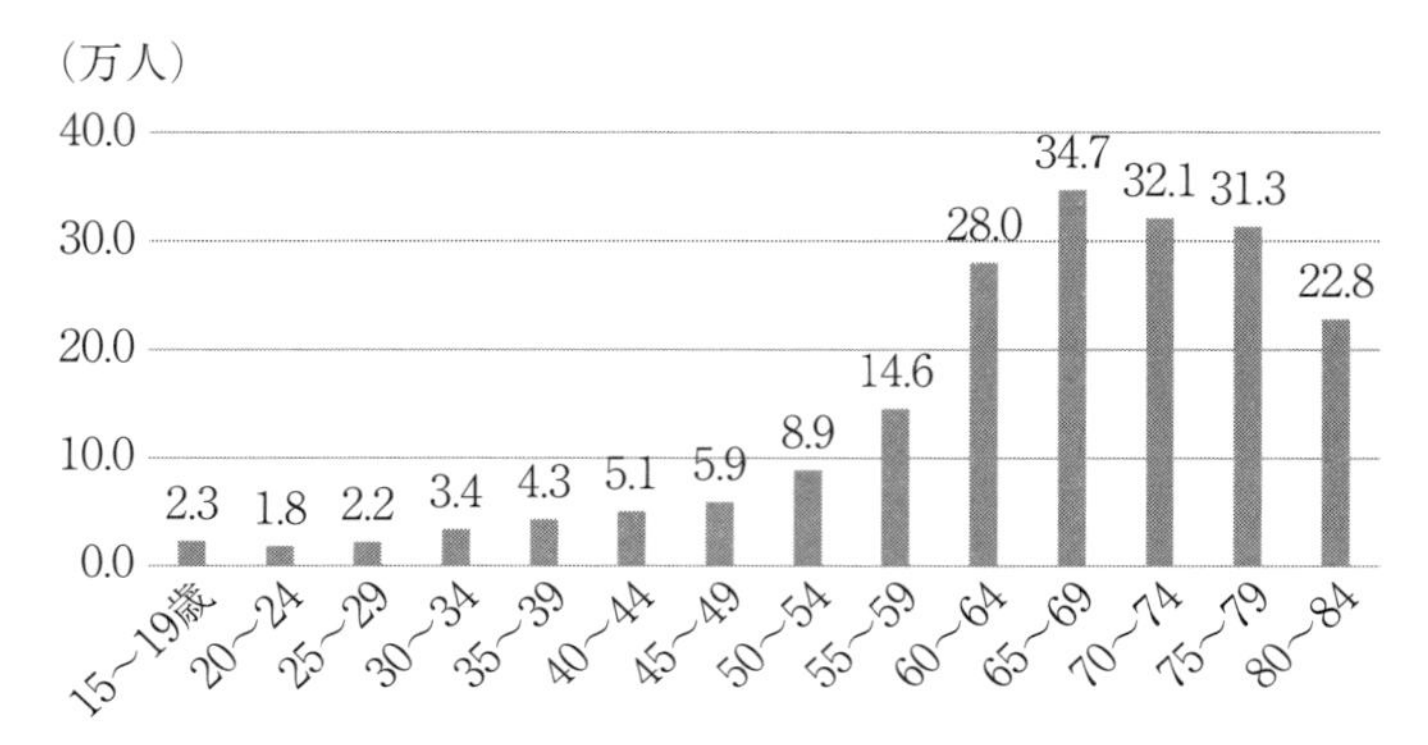

図 1-1-7　年齢別農業就業人口

（出所：2015年センサス）

6万人。販売農家数は120万戸ですから、1販売農家当たり1・5人の農業就業者がいることになります。経営している耕地面積が2ヘクタール未満の農家が8割以上を占めているのですから、1農家当たり、1・5人は多いと言わざるを得ません。

農業就業人口は年々大きく減っていると報道されています。確かに、近年急激に減少しています。1年間で約10万人減少しています。農業に魅力がないからでしょうか。

農業就業人口の内容を見てみますと、人口の年齢構成は図のようになります。

毎年10万人ずつ減少しているのは、主に高齢となった農業従事者がリタイアしているためです。上の図を見てみると、57％が65歳以上です。その数は120万人です。80歳までは元気で農業が行えるとしても、今後毎年8万人はリタイアします。一方新規に農業を始める人は、この図から推定すると2万人程度ですから、これからも毎年5万人から10万人の減少が続くでしょう。

これは憂うることでしょうか。

現在の農業全体の販売額である農業産出額は8兆8千億円、これを農業就業人口で除すると、約420万円になります。販売額の約7割が必要経費としますと、農業就業者1人当たりの所得は130万円ほどになってしまいます。これでは魅力的な若者が参入したくなる職業とはいえません。しかし、農産物全体の販売額が変わらず、農業就業者が4分の1ほどになったらどうでしょうか。130万円×4＝520万円と計算できます。国税庁の民間給与実態統計調査によると、給与所得者の年間平均給与額は356万円（2016年）、資本金10億円以上の企業では523万円ですから、520万円であれば、魅力的な職種といえるのではないでしょうか。

農業就業者数が4分の1となると、その数は45万人です。45万人を20代から60代まで各世代に割り当てますと、計算上各世代10万人弱となります。グラフをもう一度見てみると、20～30代までの農業就業者、農業を職業として取り組む者を今の倍くらいに増やすことができれば、最新の農業技術を駆使することで、現状の日本農業を維持、あるいは発展させることができると考えます。

このことは、生きがいとして農業に取り組んでいる者を排除するものではありません。実際、70代、80代の農業従事者の多くは、親から受け継いだ農地を守り、所得は多くなくても、楽しみや生きがいで農業を行っている方々もいます。私の近所でも、10アールから20アールの農地で、野菜や果物、コメを作り、自家用あるいは農業協同組合（ＪＡ）等の直売所でささやかながら収入を得て、生きがいにしている方々が多くいます。国内にはこのようないわゆる自給的農家が80万戸ほど、販売農家の中で１ヘクタール以下の農家が１００万戸ほど、合わせて１８０万戸ほどになります。これらの農家が必要としている農地は、多く見積もっても１００万ヘクタールほどと推定されます。日本の農地面積は約４５０万ヘクタールですから、約３５０万ヘクタールを、農業を職業とする農業経営者が耕作し、質の高い農産物を生産していかなければなりません。

農業を行う人は、生きがいで行う人たちと職業とする人たちに二極化せざるを得ません。優良な農地の大部分は後者に委ね、安心できる農産物を安定的に供給してもらいたいと考えます。

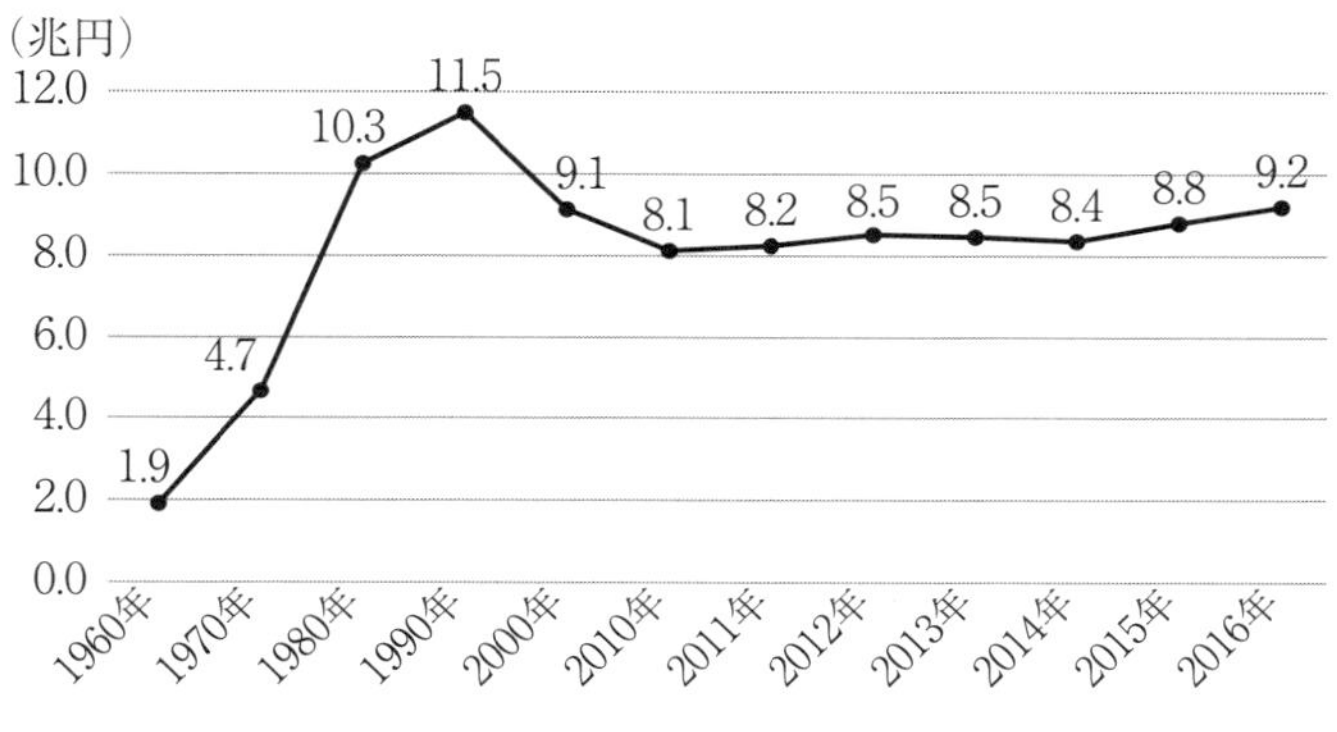

図 1-1-8　日本の農業総産出額

（出所：農林水産省生産農所得統計）

日本の農業の実力

農業の産業としての実力は、農業総産出額で見ることができます。農業総算出額とは、「農業生産活動による最終生産物の総産出額であり、農産物の品目別生産量から、二重計上を避けるために、種子、飼料等の中間生産物を控除した数量に、当該品目別農家庭先価格を乗じて得た額を合計したもの」です。農家が生産する農産物の販売額の合計と言ってもいいでしょう。

それでは、日本の農業総産出額はどれくらいでしょうか。上の図は、１９６０年から直近の２０１６年までの農業総産出額を示したものです。２０１６年の農業総産出額は９・２兆円です。推移を見ますと、高度経済成長によって大きく伸び、１９９０

表1-1-1　各国のGDP（名目）とGDPベースの農林水産業

出所：農林水産省海外農業情報

順位	国名	GDP名目（億ドル）	うち林水産業（億ドル）	GDP比率
1	中国	111,585	10,103	9.1
2	インド	21,162	3,263	15.4
3	米国	180,366	1,752	1.0
4	インドネシア	8,619	1,165	13.5
5	ナイジェリア	5,685	1,136	20.0
6	ブラジル	17,726	971	5.5
7	パキスタン	2,665	640	24.0
8	ロシア	1,260	550	4.4
9	トルコ	7,179	547	7.6
10	日本	43,831	520	1.2

年頃に11兆円を超えてピークとなり、その後、コメの価格低下から減少し、近年は野菜、果実、畜産物の産出額が増加傾向にあり少しずつ伸びています。

日本の状況は分かりましたが、世界の中で、日本の農業総産出額はどのような位置にあるのでしょうか。

農林水産省の海外農業情報に掲載されている各国のＧＤＰベースの２０１５年の農業生産額（付加価値額）を上の表に示しました。表にあるように、日本の農業生産（林水産を含む）のＧＤＰは世界10位です。

海外農業情報にはすべての国について、データが紹介されているわけではありませんが、私たちが農業国として思い描いているフランスは

12位（375億ドル）、イギリスが26位（166億ドル）です。この表の中で、いわゆる先進国は米国、ロシア、日本の3カ国です。わが国は、他の産業が発達している中で、農業の生み出す付加価値額も大きく、農業が盛んな国といってもいいのです。

また、FAOが提供しているFAOSTATというデータベースをみると、世界の2016年の農業生産額は、1位中国、2位インド、3位米国、次いで、ブラジル、インドネシア、ロシア、ナイジェリア、日本の順になっています。

ビジネス経営体

それでは、日本の将来の農業の中心はどのような経営の姿であればいいのか。

国は、1992年、「新しい食料・農業・農村政策の方向」を策定し、他の産業と同程度の労働時間と生涯所得を実現する効率的で安定的な経営体が農業生産の大部分を担うような農業の姿を目指すことにしました。

この政策を具体化したのが1993年に作られた「認定農業者」制度です。農業が他産業と同じような労働時間で同じような収入を得るためには、規模を拡大したり、生産方法や経営方法を見直したりする必要があります。また、このような取り組みを行う者に対して、行政が支援する仕組みも必要になります。

そこで担い手にふさわしい農業者を認定するため次のような仕組みを考えました。

① 市町村に、それぞれの地域に合った農業の基本構想を策定してもらう。

② 認定を受けようとする農業者は、構想に合った5年間の経営改善計画を、市町村に出す。

③ 市町村は農業者が作った経営改善計画を審査し、計画が達成されるようであれば認定農業者として認める。

④ 認定農業者は、低利融資、農地の借り入れ、補助、税制など国、県や市町村の支援が得られる。

認定農業者制度は、国・県・市町村が強力に推進した結果、２０１１年には、全国で25万人が認定されました。しかし、その後はほとんど横ばい状況が続いています。その理由は、計画期間が5年間で設定され、続けて認定を受けるには、再度手続きが必要なこと、高齢になり更新手続きを取りやめた農業者が多かったこと、水田作の支援策に重点が置かれたこと、融資や税制でメリットを感じられる認定農業者が多くないことなどが考えられます。２０１８年の食料・農業・農村白書には、認定農業者については、記述が半ページあるだけです。

白書で多くの記述が割かれているのは、農業の経営体では、法人経営体、規模の大きな農業者、取り組みとしては6次産業化についてです。

それでは、茶や果樹、野菜、畜産が中心となる静岡県の場合をみてみます。

県は2001年、21世紀の農業を産業として発展させていくため、その中核となるべき経営体を「ビジネス経営体」と名付けて、支援する方針を決めました。

ビジネス経営体は次のように想定しました。

一つには、経営が継承されていく継続的な経営体であること

二つには、雇用により労働力を確保する経営体であること

三つには、企業として一定以上の販売規模を持ち、成長を志向する経営体であること

四つには、マーケティング戦略に基づくサービスや商品を提供する経営体であること

この四つの姿を併せ持つケースをビジネス経営体としました。別の言い方をすれば、法人経営であり、経営者は、文字通り経営に専念し、雇用した労働者が農作業や商品づくりやサービスを行い、少なくとも年間売り上げが5000万円以上あって、雇用者の給与を支払うことができること。そして市場の動向を見ながら商品を生産販売し、他産業などと

連携しながら新商品や新サービスを提供することで常に成長を志向する企業を、対象に据えることにしました。

農家の収入の大部分は農産物の販売です。多くの農家は、農協の出荷場に農産物を運び入れ、農協が市場で販売、農家は農協から販売代金を受け取ります。農家自らが、農産物をスーパーマーケットやレストランなどに売ることは手間がかかり、高く買ってくれるところを常にチェックしなければならず、困難です。農協が農産物を集荷し、市場で販売する仕組みは農家にとって合理的です。しかし、この方法では、農家自らが売れ筋商品や消費者が求める商品の情報をキャッチしにくくなります。

ビジネス経営体では、6次産業化や農商工連携で新商品を開発し、これを直接消費者に販売することにも挑戦します。このため、ビジネス経営体の収入は、農産物販売収入に加え加工品の販売額、サービス販売額も加えた「販売額」として推計するようにしました。

静岡県独自の調査によると、ビジネス経営体数は着実に増えています。2004年に201経営体であったものが、2014年には381経営体になりました。販売額は、5千万円以上1億円未満が184経営体、1億円以上5億円未満が173経営体、5億円以上が24経営体です（2014年）。全体の推定販売金額が748億円ですので、1経営体の平均は約2億円。静岡県の農業産出額は２１５４億円、農家数が7万戸ですから、１戸当たりは３００万円です。ビジネス経営体と農家は直接比較できませんが、静岡県では３８１のビジネス経営体が、県全体の農産物販売額の３分の１以上を稼ぎ出していることが分かります。

ビジネス経営体への支援策

静岡県が実施しているビジネス経営体への支援は、正確に言うと、ビジネス経営体を目指す農業経営体への様々な支援のことです。ビジネス経営体となるには、法人化、経営能力の向上、生産コストの低減、生産規模の拡大、生産技術の改善・改革、人材確保、農地確保、資金調達などの取り組みを要します。

静岡県では、経営の法人化や経営能力向上支援策として、コンサルティングやセミナーなどを実施しているほか、国や県の制度、市場について情報を提供し、さらに異業種を含めた経営者のネットワークづくりを後押ししています。

具体的には、ビジネスプランを持ち、経営改革に意欲的な農業者等を対象とした「アグリビジネス実践スクール・ビジネスプランコース」があります。受講者は、自分の経営の現況や課題、目指す経営について発表し合い、中小企業経営戦略の専門家からアドバイスをもらいながらプランを磨き上げます。さらに強みを活かした商品開発の視点と店舗運営の実践事例や魅力的な商品づくり、SNSを活用した情報発信などについて学び、同時に専門家を交えたグループワークを行います。スクールは半年間にわたり月1回のペース開かれ、受講者はそれぞれ自分の経営プランをより良いものに作り直し、事業展開を進めていくのです。

安定した生産システムを確立して、経営拡大を図っていくには、経営者を支える社員のマネジメント能力の向上が欠かせません。「アグリビジネス実践スクール・生産現場マネジメントコース」では、法人入社後5年から10年目くらいの社員を対象に、会社のビジョンを踏まえた自己目的とその実行計画を作り、リーダーシップの取り方、生産現場でのパートなど部下の指導方法を、体験を通じた演習形式で習得を目指します。講習で計画を作るだけでなく、会社に戻り、計画を実施した結果を経営者の前で発表させています。農業法人は、社員数が数名から数十名程度の小規模なものが多いこともあり、内部で経営者の右腕となる社員を育てていく時間的な余裕や指導者も十分ではないのが実情です。それだけにこのような取り組みは、法人の経営力アップや労務管理に大きく貢献しています。

さらに、「新たなチャレンジをしたいが、何から始めればいいのか分からない」「経営の勉強をしっかりしたい」といった農業経営者のために、静岡県は「経営戦略講座」を実施しています。数カ月にわたり8回前後開催。これに加えて、法人化を希望する農業者等に対して、法人化に精通した中小企業診断士や税理士、社会保険労務士、経営コンサルタントなどを派遣する事業も行っています。

農業参入を検討している企業等に対しては、農業生産現場の現地研修会も実施されます。これまでに青ネギを栽培し、量販店やスーパー、野菜の加工企業向けに事業を実施している会社や、冷凍会社が始めた小ネギの大規模水耕栽培の現場などを視察した例があります。また、農業経営を始めるに当たり、資金確保に悩む人もいることから、中古の農業機械や貸出希望農地、住宅情報の紹介も行っています。

農業を企業として継続していくためには、規模拡大や生産性の飛躍的なアップ、独自の商品づくりが欠かせません。とはいえ、売り上げ数億円規模では、独自の研究組織を持つことは困難です。農業試験場などは、農業に取り組むすべての農業者を対象に、誰でも使える技術開発を行い、地域全体の農業の底上げを図ることに取り組んできましたが、これからはビジネス経営体が必要としている技術開発や研究が求められるでしょう。ビジネス経営体はそれぞれ独自の経営方針を持ち、他にまねのできない技術や商品を売り物にしています。今後、農業の主役となるビジネス経営体向けの研究開発の重要性が高まります。個別の企業と連携した新しいシステム作りが求められており、静岡県では、これまでとは異なるタイプの研究機関を創り、活動を開始しています。

マーケティング課

静岡県は、商品開発、販路開拓支援などを行う「マーケティング課」という名称の全国でもほとんど例のない部署を20年ほど前、農業担当部門に設けました。

６次産業化や農商工連携という名称がまだ使われていなかった時代です。「農業とマーケティングに何か関係があるの？」といった声が農業関係者から聞こえ、「農業部門になぜマーケティング専門部署を？」と、県庁内部からも疑問視された時代です。

県では、マーケティングの考え方が農業経営にとってこれからいかに大切になるかを理解してもらうため、まず資料を作り、認定農業者や専業農家に研修会などで説明を繰り返しました。また、２００５年には、「静岡県農業マーケティング活動ワークブック」を作り、具体的にどう取り組んでいくのかについて研修会を県内各地で開催しました。

ワークブックの中身を少し紹介します。

まず、マーケティングの定義から始まります。マーケティングとは販売管理や広告宣伝のことだけでなく、ものを作った側が消費者の立場に立って消費者が欲しがっているものを見つけ、ニーズに応えるために何をすればよいかを考えて実行し、利益を効率よく上げることであり、消費者を満足させながら自らの利益を得ていく活動だと認識すべきと、強調しています。

静岡の特産物である茶についていえば、茶農家は、茶を栽培し、茶工場で荒茶（茶の商品の原料となる茶）を製造し、茶商という茶の仕上げ加工（再生加工）流通業者に販売します。茶商は、いろいろな産地の荒茶を買い、荒茶を再加工、ブレンドして、茶の商品を作り小売店に販売します。茶農家は、自分の作った茶が、どんな茶とブレンドされ、最終商品として、誰に買い求められるかを知ることはほとんど不可能で、これまで知ろうとはしていませんでした。状況は、茶に限らず、コメや野菜、果物についても同じです。

ワークブックでは、農業においても、生産、流通、販売、消費のすべての領域に農業者が関わっていくことが重要であると説いています。誰が主となってマーケティングを実行するかを明確にしておくこと、生産者なのか農業法人なのか、農協の生産部会なのか、主体を明確にしておくことが重要だとしています。

農業にマーケティングの考え方を導入することは、一部の先進的な農業者以外考えたこともなかったでしょう。自分を知り、消費者を知り、競合相手を知って状況を整理分析し、商品力や販売方法、消費者との関係などを踏まえてアイデア（仮説）を立て、さらに、成功している実践例、先進例を学んでいく、自らマーケティングを身に付け、ビジネス経営体を目指す農業者が次々と誕生するようになりました。

最近のマーケティング課の主な事業をいくつか拾ってみます。

２０１６年に「静岡県マーケティング戦略本部会議」を庁内に新たに設置し、マーケットイン型の「ふじのくにマーケティング戦略」を２０１７年2月に取りまとめ、これに基づき海外戦略、国内戦略、地産地消戦略、認証制度や研究開発、知的財産戦略を進めています。戦略の策定には大学、流通業界、ＪＡ、ビジネス経営体、小売り、研究機関などから、全国の第一線で活躍する専門家が協力してくれました。

具体的には次のような事業があります。

その一つは「しずおか食セレクション」です。静岡県は多様な風土に恵まれ、農林水産物の豊富さでは全国トップであり、品質でも高く評価されています。この多彩で高品質な農林水産物の中から、全国や海外に誇りうる価値や特徴を備えた商品を、県独自の基準で認めたものが「しずおか食セレクション」のラインナップとなります。認定された農林水産物は、県内外で生産製造される同種の農林水産物とは明らかに違う機能や特徴、独自性などの価値を備えた商品であり、静岡ならでは特徴を持ったものばかりです。これらは、希少価値で売るものではありません。生産・製造工程の管理や緊急時に顧客とのコミュニケーションが取れる体制が整っているかも認定の条件です。安定した品質や商品の販売をするために、生産、製造、流通、販売において、卓越した取り組みや技術的な裏付けのあること、一定規模以上の販売実績があり、一定の支持を得ていることも要件となります。

具体的には、イチゴ・紅ほっぺ▽全国で唯一周年出荷される枝豆▽徳川家康に献上されたとされるナス▽孫いもだけを選別した石川小芋▽静岡が全国区の野菜にした青梗菜（チンゲンサイ）▽箱根西麓の肥沃な火山灰土壌で作られる三島馬鈴薯▽全国一早く出荷される玉ネギサラダオニオン▽日本一の品質と評価の高いクラウンメロン▽世界でも珍しい高糖度ミニトマト・アメーラ・ルビンズ▽全国に先駆けて出荷される葉ショウガ▽甘夏と文旦を交配して生まれた静岡特産のスルガエレガント▽清水生まれのキンカン・こん太▽機能性食品生鮮第一号・三ヶ日みかん▽有機認証茶葉で作った和紅茶▽静岡生まれの茶早生品種つゆひかり▽桜の香りが特徴の幸せのお茶・まちこ▽ジャスミンのような花の香りが特徴の茶・藤かおり▽微生物制御発酵で作った茶・やまぶきなでしこ▽標高500メートルの茶園で作られた高級茶・川根奥光▽日本紅茶発祥の地静岡市で作られる紅茶・丸子紅茶など――。どれも魅力的な商品ばかりです。

「ふじのくに新商品セレクション」もマーケティング課が行う特色ある事業です。県産の農林水産物を使って商品化2年以内の加工品を対象にしたコンクールで、毎年100点ほどのエントリーがあります。県産農林水産物の魅力を生かした新しい加工品を選定することで、企業の新商品開発や商品改良に結び付けモノづくりの活性化と農林水産物の付加価値向上を目指すものです。審査における評価の対象は、商品コンセプト、販売戦略、郷土色、デザイン、安心安全や地域連携の取り組みなど。

ただ、コンクールは一等、二等の順位を付けるだけのものではありません。2017年の例を紹介してみましょう。最高金賞となった「伊豆山海おぼろ寿し」は、伊豆半島でとれる農林産物や海産物を彩りよく、ちらし寿し風にした駅弁です。金賞には、「静岡茶しめさば」「白隠正宗のあまざけ」「しみしみこんにゃくコロッケ」「柿田川名水ところてん」「静岡本山抹茶ジャージーミルクアイスクリーム」「種なしなめらか苺ジャム」「焼津カツオオリーブ酒盗」などが選ばれました。

同課の事業としてはほかに、県産の農林水産物をおいしく美しく食べさせてくれるレストランや料亭を紹介する「ふじのくに食の都づくり仕事人」のほか、「農林水産物の海外市場開拓」「しずおか農商工連携事業」「ふじのくに総合食品開発展」等があります。

日本の農地

日本人の食料を十分確保するためには、780万ヘクタール程の農地が必要だということは前述した通りです。それでは農地の現状はどうなっているのでしょうか。

2017年の耕地面積（農地面積）は444万ヘクタールです。1960年には607万ヘクタールありましたが、この60年間ほどに160万ヘクタールほど減少しました。ところで、1ヘクタールとはどれくらいの広さかを頭の中に描けますか。1ヘクタールは100m×100m。サッカーコートの面積はワールドカップでは、縦105m横68mだそうですので、7140㎡。1ヘクタールより少し狭い面積です。東京ドームのグラウンド面積は1万3000㎡なので、1ヘクタールとはサッカーコートより少し広く、東京ドームのグラウンド面積より少し狭いといえます。それでは444万ヘクタールはどれくらい

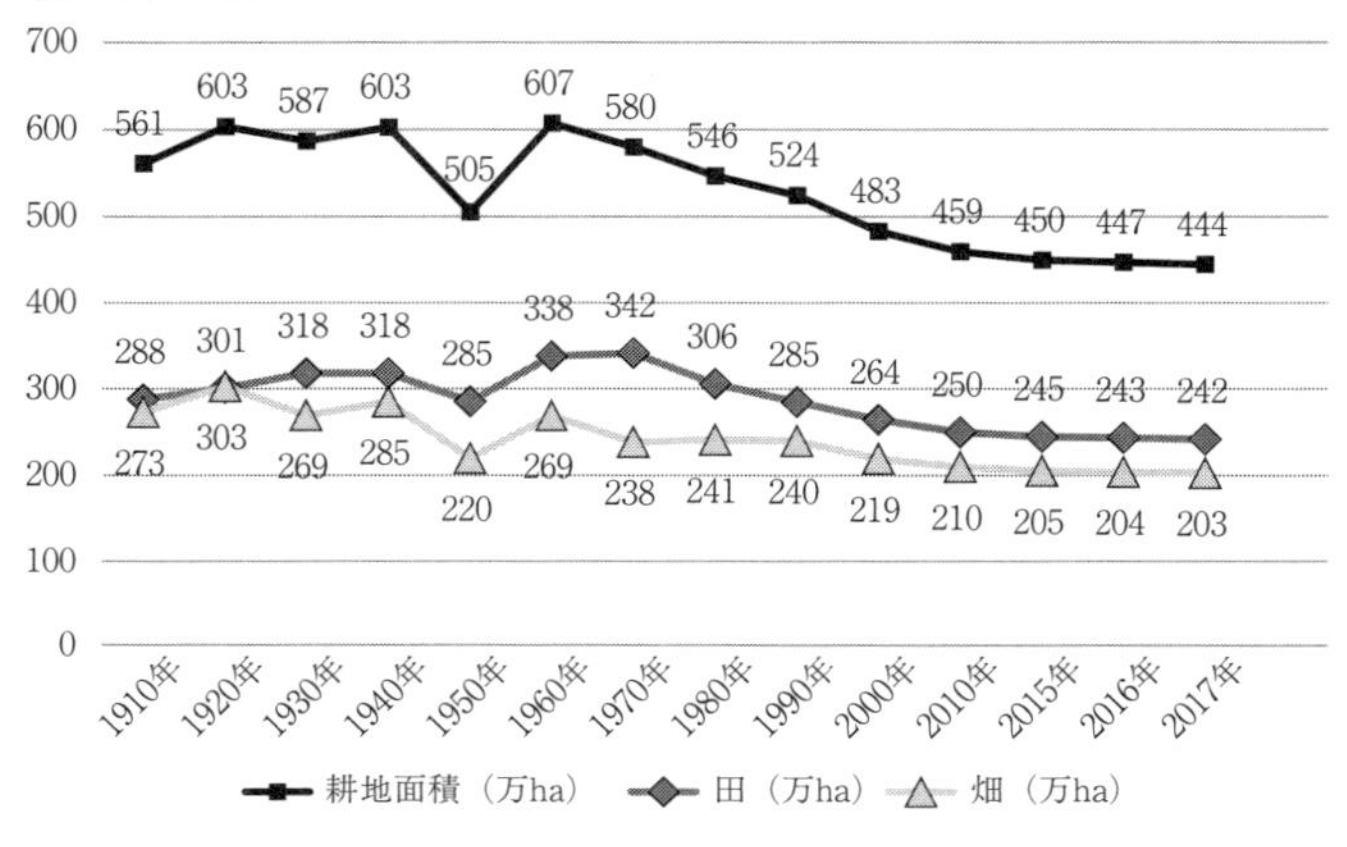

図 1-1-9　日本の耕地面積

（出所：耕地面積及び作付面積統計）

かといいますと九州の面積（３万６７５０㎢）よりやや広い面積です。２０１７年は２０１６年に比べて１万７千ヘクタール減少しました。東京ドーム２千個分の耕地が減少したということです。

右のグラフから分かるように、日本では畑より水田の方が面積が大きく、自国で消費するコメは１００％自給できています。24万ヘクタールからはどれくらいのコメが収穫可能でしょうか。１ヘクタールの収穫量を約70俵、約４・２トンとすると、１千万トン強が収穫できる計算になります。日本人の年間１人当たりのコメ消費量は57kg、日本全体で年間７７０万トンです。日本の水田全体でコメを作ると２００万トン強余る状況にあります。このため、国では、水田で稲以外の作物を栽培するよう奨励策を実施しています。日本の水田は、世界で最も整備の進んだ農地だといってもいいでしょう。どの水田も農道に隣接していますし、灌漑・排水施設も整っています。1区画当たりの面積が小さいことが欠点ではありますが、水稲以外の作物を作ることも十分可能であり、日本はコメ二期作を行いませんので、秋から春までは水田は空いています。水田を有効活用して需要の多い野菜等を生産することが日本の食料自給力を上げるために必要ですが、現実は高齢農家が多く、作物を栽培することはおろか、雑草地になっている所もよく見掛けます。

耕作していない農地は、水田だけに限りません。畑も同様です。中山間地域や都市近郊では荒廃農地が広がりつつあります。農林水産省のまとめによると、全国の荒廃農地は2015年で28万ヘクタール。佐賀県よりやや広い面積です。このうち、再生利用が可能な農地は12万ヘクタールもあります。国や県では、農地再生のために必要な経費を助成する制度を設けていますが、この10年間、荒廃農地っていません、むしろ再生可能な農地が耕作放棄されて年が経つにつれ、再生産不能になってしまうことさえ心配されています。

荒廃農地を生まないようにするために、作り手がいなくなったり、いなくなりそうな農地を、規模拡大を希望する農業者に円滑に移すシステムが必要です。国は全都道府県に農地中間管理機構（農地バンク）という組織を作りました。リタイアして農地を貸したいときや利用権を交換して分散した農地をまとめたいとき、新規就農で農地を借りたいとき――などに仲介してスムーズに農地が移動できるようにしようとしています。

農地は先祖代々受け継いだもの。いったん農地を貸してしまうと、返してほしいときすぐに返してもらいないといった不安感がつきまとい、流動化は進みにくいのが現状です。耕作の予定がなくても貸さない農家が多いことも課題です。農地中間管理機構は、農地を貸したい人から農地を借り受け、借りたい人に貸します。貸したい人は賃料が確実に支払われ、耕作放棄になる心配がなく安心、借りたい人はニーズに合わせてまとまった農地が借りやすく、機構に相談することで貸し手の農家と個別に交渉する必要がありません。貸し手、借り手ともにメリットがあるようにしました。実績はどうかというと、農林水産省の資料によれば、農地貸し借りの目標値年間14万ヘクタールに対し、２０１５年度は８万ヘクタールと目標の６割程度でした。制度の浸透が進めば、今後農地は大きく流動化すると考えますが、貸し手が農地に対する意識を変え、耕作する予定のない農地は、積極的に貸し出すことが必要です。また、耕作予定のない農地や耕作放棄の状態にある農地は小面積で、灌漑施設が整っていなかったり、周りの環境が悪かったりするため、その対策も求められます。

農地の集積や集約化の阻害要因には、権利関係が不明確な土地が増えていることも挙げられます。農地の貸借には、所有者の同意が必要ですが、所有者が死亡した後、相続人が所有権移転登記を行わない場合が目立っています。借りたい農地が相続されていないと、いちいち所有関係者を探さなければなりません。農水省の調査によると、登記名義人が死亡していると確認された農地は48万ヘクタール、名義人が転出し、死亡している可能性があるなどの農地が46万ヘクタール、合わせると全農地面積の2割にも上がります。

農地は食料生産の工場です。自分のものだから、どうしようと勝手だというのでは、困るのです。国内で作られたものを食したいという消費者は多く、輸入農産物の様々な問題が報道される中、より安全で、身近な農産物へのニーズは根強いものがあります。有効に活用できていない農地が目につき、規模拡大をしたいとする農業者の要望がかなえられない状況は、国民全体の課題として考えなければなりません。

農地法が変わる

新たに農業を始めようとする人が直面する最大の困難は、農地をどう確保するかです。借りたり、買ったりすることが難しいのです。これは農地法という法律に原因がありました。

現在、農地法の見直しが進められています。農地法には第2次世界大戦後の硬直的な制度が残り、時代の変化に対応せず農地の有効利用には課題があるといわれています。農地法の何が検討されているのでしょう。

農地法の制定は1952年。戦前は農地の半分が小作地で、大地主と一般の農民とでは大きな貧富の差がありました。戦後すぐ、GHQ（連合国軍総司令部）は、農村の民主化を目指して農地改革を実施、政府が小作地の8割を買い上げ、小作人に売り渡しました。農地法は大量にできた自作農を保護し、大地主の再現を阻止することを目指しました。また、農地を所有することになった小作人が、借金の返済などを理由に、すぐに売り払うことがないように規制をかけました。

農地法の第一条には当初、「この法律は、農地はその耕作者みずからが所有することを最も適当であると認めて、耕作者の農地の取得を促進し、及びその権利を保護し、並びに土地の農業上の効率的な利用を図るためその利用関係を調整し、もつて耕作者の地位の安定と農業生産力の増進とを図ることを目的とする」とありました。

農地を持てるのは農民で、持っている農地は効率的に使うことが求められる自作農主義です。農民以外、例えば商人や会社が農地を取得しようとしても、農業以外の利用を警戒し厳しく制限されました。農地法は自作農の権限を強く認めた一方で、農地の自由な売買を制限し、農地は常に耕せる状態でなければならないと規定したのです。

しかし、食料自給率の低下と、農業者数減少という現実を踏まえ、２００９年に大きく改正されました。

第一条の農地法の目的は次のように書き換えられました。

「この法律は、国内の農業生産の基盤である農地が現在及び将来における国民のための限られた資源であり、かつ、地域における貴重な資源であることにかんがみ、耕作者自らによる農地の所有が果たしてきている重要な役割も踏まえつつ、農地を農地以外のものにすることを規制するとともに、農地を効率的に利用する耕作者による地域との調和に配慮した農地についての権利の取得を促進し、および農地の利用関係を調整し、並びに農地の農業上の利用を確保するための措置を講ずることにより、耕作者の地位の安定と国内の農業生産の増大を図り、もって国民に対する食料の安定供給の確保に資することを目的とする」

戦後、半世紀以上にわたって続けてきた、農地の権利移動への厳しい制限を見直し、農地の「所有」から「有効利用」へと転換を図ったのです。

農地を地域における貴重な資源と位置付け、宅地や商工業用地への転用を厳格化し、代わりに、農業参入を希望する企業やＮＰＯ法人等が農地を借りやすくするよう規制を緩和しました。小作地所有制限は廃止して、一定規模以上の農地でも賃借できるように改めたのです。これにより、企業等が大規模な農地を賃借して、農業が行えるようになりました。利用期間（賃借期間）は20年間から最長50年間へと変更しました。大規模な農業法人が農業の主役になりつつある中、農地が集まりやすくなれば、生産性は高まり、儲かる農業が実現できます。

さらに２０１５年には、農業協同組合法の改正に伴い、農地法についても、６次産業化等による経営の発展を促すために、農地所有の法人要件が見直されました。

農地を所有できる法人は「農業生産法人」とされていましたが、これを「農地所有適格法人」という呼称に改めました。農業生産法人では、役員の半数以上が農業（販売や加工を含む）に常時従事し、さらにその過半が農作業に従事することが条件でしたが、6次産業化などが進むと、農作業に従事する役員数の割合が下がらざるを得なくなります。そこで農地所有適格法人では、1人以上が農作業に従事していればよいことにしました。法人の議決権も、農業関係者以外の者が総議決権の4分の1以下となっていたのを、2分の1未満と認めました。6次産業化を進め、経営を発展させていくには、資本の増強が必要で、農業関係者以外の者が経営に参加していくことが必要だと考えたからです。

農地所有適格法人について、農業法人とどう違うのかなど、簡単に解説してみます。まず、農業法人は法人形態で農業を営む法人の総称です。学校法人や医療法人など法律で定められた名称ではなく、農業を営む法人に対して任意で使用される呼称です。

農業法人の形態には大きく二つ。一つは、農協法で規定されている「農事組合法人」、もう一つは「会社法人」です。家族経営の農家が法人化するときは、会社法人が一般的ですが、仲間と一緒に法人を作る場合などは農事組合法人も選択肢の一つです。もちろん会社法人にすることもできます。いずれも登記が必要です。

農業を行うために、農地を取得できる農業法人のことを、農地所有適格法人といいます。

農地を所有しないで（農地を借りて）農業を営む場合は、農地所有適格法人の要件を満たす必要はありません。農地所有適格法人は毎年度市町村の農業委員会へ事業状況などの報告が義務付けられています。これは、所有している農地を農業以外に転用することを防止するためです。

農地法は、農業の現状に合わせ、改正されてきましたが、依然課題もあります。

一つは、既存の企業が農地所有適格法人になることがまだまだ難しい点です。企業も、農地を借りるようになりましたが、農地を所有して農業を行うにはまだ高いハードルがあります。それは売り上げの過半が農業であることを要することが条件になっているからです。役員や議決権の要件を満たしても、売り上げ要件については一般企業では現実的には不可能な場合も多いでしょう。

農業用ハウスの取り扱いも課題です。静岡県だけでなく、現在多くの野菜はハウスで作られています。ただハウスも場合によっては農地に建てられないこともあるのです。

農地は、耕作の目的に供される土地と定義されています、耕作とは、土地に労費を加え肥培管理を行って作物を栽培することとあり、農地に該当するか否かは、土地の現況によって判断されます。従って、農業ハウスが建てられている土地について、農地を形質変更しないで、耕作可能な状態すなわち土が見える状態、マットを敷いた程度ですぐに耕作可能となる場合は農地とみなされますが、コンクリートで地固めしているものは農地に該当しないものとして取り扱われます。コンクリート張りにする場合は農地転用許可が必要となります。

農地転用には知事や市町村長の許可が必要です。４ヘクタールを超える場合は農林水産大臣と協議することが必要です。市街化区域内の農地を転用するときは農業委員会へ届け出るだけでいいのですが、農用地区域内では、みだりに農業以外の用途で使われないよう転用には厳しい制限が設けられています。高度な施設栽培のため、コンクリートで地固めをするようなハウスを建てようとする場合は、困難が伴うのです。農業技術はＩＣＴの活用などが急速に進んでいます。土を使わない水耕栽培や閉鎖型の野菜工場なども増えているのですが、施設を高度化しようとしても、手続きの負担が待ち受け、事業者は、割り切れない壁に突き当たることになります。

農業を産業としてより発展させるためには、より農地が活用できるような制度になるよう、さらなる見直しも必要になります。

（2018年11月から床全面コンクリート張りハウス等を条件付きで農地扱いとすることになりました）

女性が農業を変える

左の円グラフは、基幹的農業従事者の15歳から64歳までの男女の数です。基幹的農業従事者とは、農業に主として従事した世帯員（農業就業人口）のうち、調査期日前1年間のふだんの主な状態が「仕事に従事していた者」のことをいいます。ちなみに、農業就業人口（15〜64歳）は61万人に対し、基幹的農業従事者は51万人ですから、84％に当たります。働き盛りの基幹的農業従事者の男女比は男性58％に対し、女性42％です。日本の農家では、専業の農家は男女が共に働いている場合が多いので、この数字も納得できます。

年齢階層別にみると、若年層の女性が少ない状況にありますが、働き盛りの50代以上では4割以上を女性が占めており、本格的に農業に取り組んでいる女性が多いことが分かります。

日本政策金融公庫が、スーパーL資金または農業改良資金を融資した農業経営体を対象に調査した結果を「雇用状況等の動向に関する調査 - 農業経営で女性の存在感が強まる収益増にも寄与（2016年9月15日）」のレポートにまとめています。スーパーL資金とは、自らの農業経営の改善計画を策定して市町村長の認定を受けた農業者や法人が融資

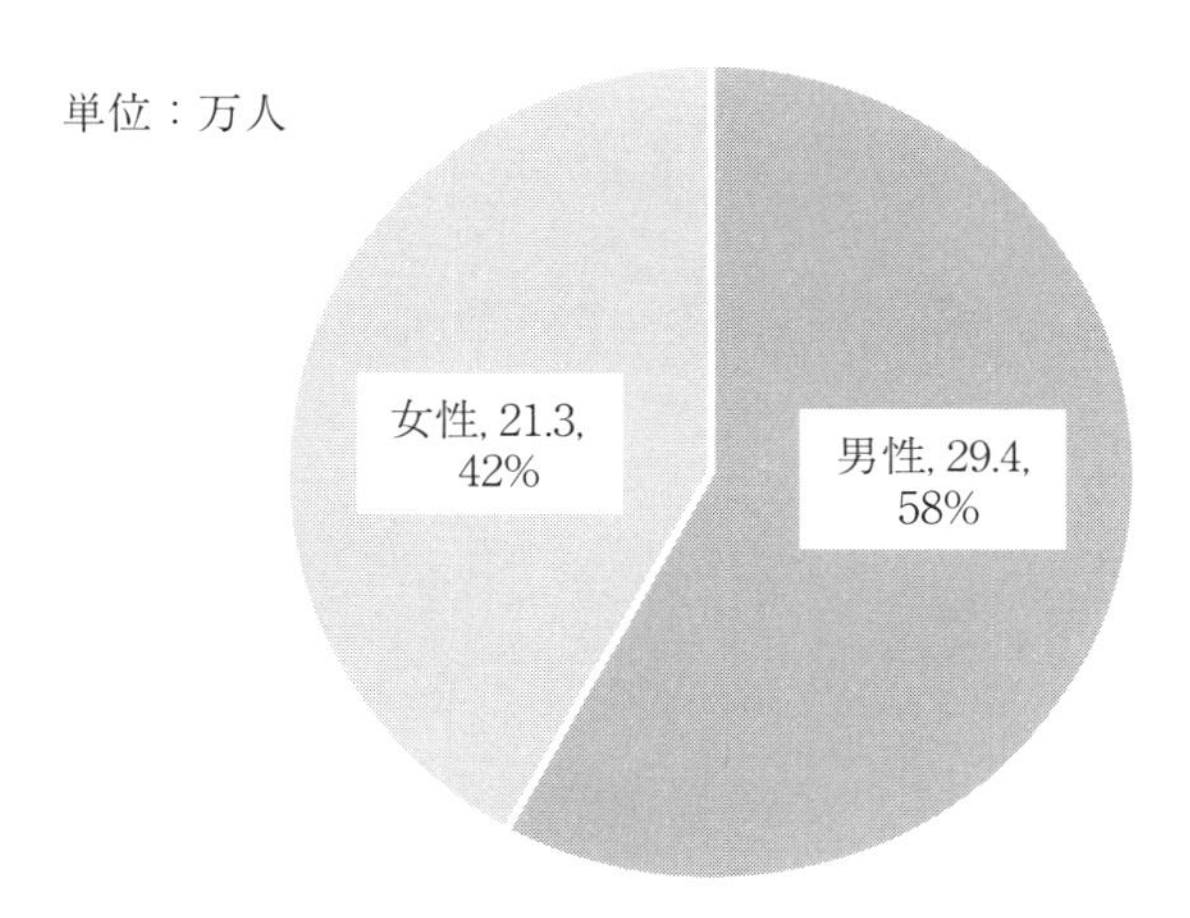

図 1-1-10　男女別基幹的農業従事者数（15 ～ 64歳計）

（出所：農業構造動態調査2017年）

の対象ですから、規模の大きい農業経営体の調査と考えていいでしょう。

それによりますと、農業経営における女性の役割は「変動なし」が最も多く74％。「増加している」は17・5％と「減少している」の8・1％よりも9・4ポイント高くなっています。これを売り上げ規模別に見てみますと、「増加している」が「5億円以上」では33・3％、「1億円以上5億円未満」26・3％と売り上げが多く経営規模が大きいほど、経営における女性の役割が高くなる傾向にあります。また、女性が経営に関与している場合と、関与していない場合を比較すると、前者の方が売上高、利益率とも高く、特に利益率は、関与している場合は関与していない場合

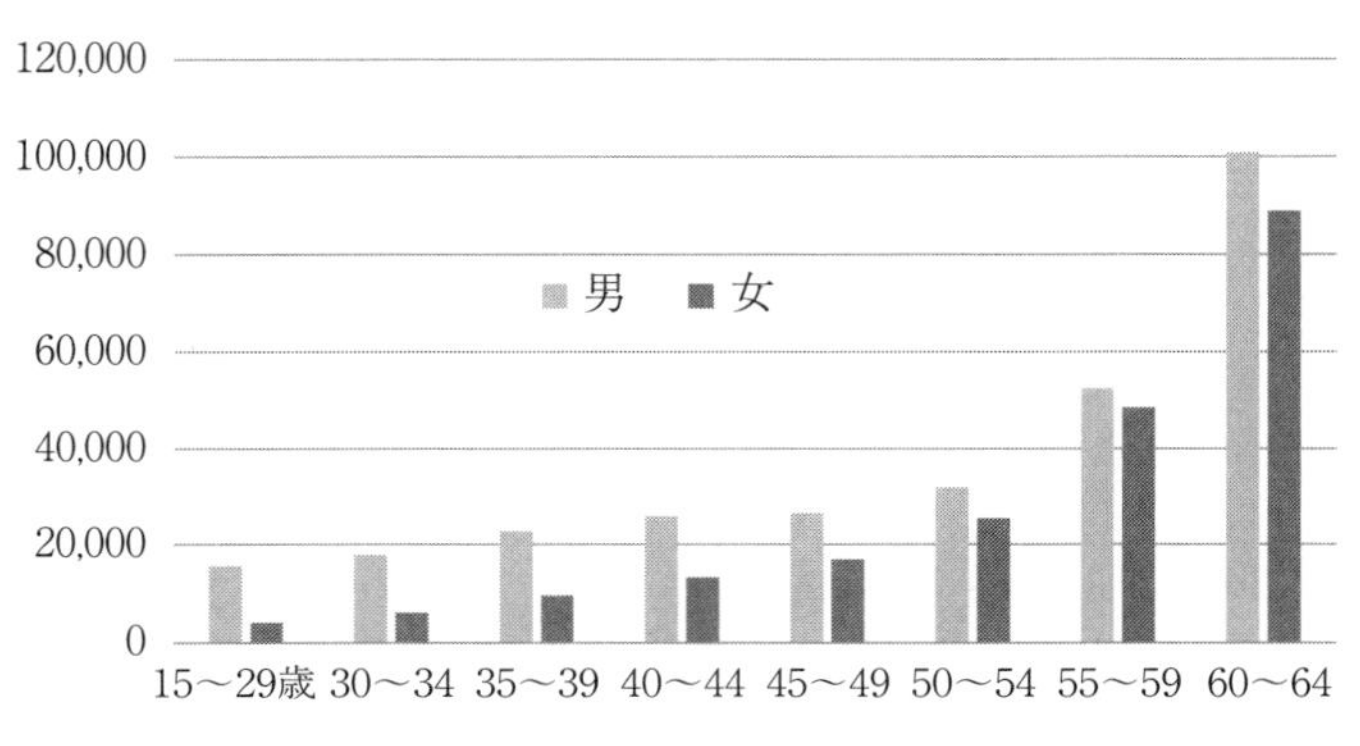

図 1-1-11　年齢階層別基幹的農業従事者数

（出所：農業構造動態調査）

の2倍以上あるという結果です。女性の経営への関与は収益増にも大きく寄与することが分かります。特に女性が加工や商品開発などの6次化、営業・販売分野を担当していると、売り上げ、経常利益が大きくなる傾向も見られます。

女性の経営への関与の内容については、経営者が女性である割合は2・6%とまだわずかですが、役員として関与している割合は33・8%と、上場企業の女性の役員率3・7%（2017年）という数字に比べて、突出して高くなっています。

静岡県内のビジネス経営体でも女性が経営に参加している例が多くなっています。

富士市では、茶とブルーベリーを栽培生産し、食べる茶やティーソース、ブルーベリードレッシングなどの商品を開発販売し、農家レストランを営業、農業体験イベントを企画開催している女性経営者がいます。

藤枝市の中山間地域には、茶の無農薬栽培を古くから実践し、消費者との交流会（お茶摘み、田植え、稲刈りなど）を一年通じて開催し、海外からも茶を学びたいという若者を受け入れ、２０１５年に日本農業賞を受賞した農業の会社があります。ここでも、経営者の娘さん２人が茶の新商品開発、イベント企画実施の主役です。

静岡市には、客足が途絶えることがないしゃれた農園カフェを経営しているイチゴ農家（会社）があります。冷凍イチゴを丸ごとかき氷にした「食べるかき氷」や、半分に割ったメロンを器にして生クリームを盛った「メロンパフェ」などここでしか味わえないメニューを開発し、女性たちに人気があります。ここも農園管理は夫、商品開発とカフェ経営は妻と、夫婦で役割分担して経営は順調です（＊「この農園については」の県内ビジネス経営体事例を参照　１２０ページ）。

サツマイモの干し芋でも、事業拡大している会社の例もあります。干し芋は掛川市南部が昔から良質な産地として知られています。元々、直営農場と契約農家から買い取ったサツマイモで干し芋を生産する大規模農家（会社）でしたが、娘さんが干し芋やお芋スイーツをインターネットを活用して販売し、事業が急速に拡大。今では、親の会社から独立したインターネット販売会社を経営しています。ネット販売は好調で、干し芋生産の会社も事業を広げ、親子で地域農業にも貢献しています。

森町にある有機野菜栽培会社も女性が経営に深く関わっている一つです。土づくりや環境に配慮した農産物生産を徹底していることが消費者に評価され、年々規模が拡大しています。レタス、トウモロコシ、柿、ミニトマト、バジル、水菜、ルッコラ、サツマイモ、オクラなど多様な野菜や果物を作り、食品製造会社やスーパーに販売するほか、消費者へ直接販売もしています。商品の展示会や商談会の担当は社長の奥さんなのでしょう。県や市が行うイベントでその姿をよく見かけます。

この他にも、日本最大規模のキウイフルーツの観光農園を経営し、農園内で自然体験プログラムを開催したり、農園バーベキューレストランを設けたり、キウイの多品種を使ったジャムやアイスを提供する農園が掛川市にあります。ここも経営者は男性ですが、奥さんのアイデアが経営に大きな力になってるといいます。

富士宮市にある大規模に肉用の養鶏と販売を行っている会社では、養鶏は夫、鶏肉の販売や加工品の販売などは妻と、両者(夫婦)連携して生産から販売までを行っています。(第1章第2節の県内のビジネス経営体事例を参照　116ページ)

ここに取り上げた以外にも、女性が経営に参加・活躍している事例はたくさんあります。農業は、男女で役割分担が比較的しやすい産業です。これまでは、農産物の生産まででしたが、規模が大きくなると、あるいは規模を大きくしたいとなると、生産部門と、販売部門や加工部門、他分野と連携する部門など、専門性を持った役割分担が必要になります。生産分野は男性が得意でも、販売、加工、商品開発、他分野との連携などについては、女性の適性に合っているところがあります。

これからの農業の大宗は、ビジネス経営体のような農業経営法人が中心にならざるを得ません。女性の活躍する場は、ますます大きくなっていくと考えます。

フーズ・サイエンス

静岡県は、食料品と飲料・茶・酒類等の出荷額は約2・4兆円と全国第1位です。東西に長く、ＪＲ東海道本線の路線距離は１７８㎞にもなり、県内にはいろいろな産業が分布しています。県当局は、県内を大きく3ブロックに分け、三島や沼津を中心とした東部地域には健康医療産業、浜松を中心とした西部地域には光・電子産業、中部地域には食料品産業の発展を目指して、それぞれ、ファルマバレー、フォトンバレー、フーズサイエンスヒルズと名付けて、新しい産業支援策を次々実施しています。

フーズサイエンスヒルズの具体的な事業の実施機関がフーズ・サイエンスセンターです。文字通り、科学的な裏付けのある新しい食品の開発を中心となって応援していく機関です。

食生活、運動などの生活習慣の変化や高齢化の進展に伴い、近年糖尿病などの生活習慣病が増加し、予防や未病対策へ注目が集まっています。病気や介護を予防し健康を維持して長生きしたいという意識が広がり、ふだんの生活の中で、健康に役立つ食品を積極的に取りたいというニーズは高まっています。

既に健康食品といわれる食品が数多く出回っています。中には、科学的な根拠をしっかり示さず、○○を食べたらがんが消えたとか、便通がよくなったとか、少数の個人の経験談から、効能をＰＲしている商品もあります。

フーズ・サイエンスセンターでは、加工食品や農林水産物に対し、企業等の求めに応じ、科学的根拠となるデータを、大学や試験研究機関と連携して集めています。

また、度重なる産地や消費期限の偽装表示や輸入食品への異物混入など食の不安に対応するため、県行政と連携して、表示に関する問い合わせにも対応しています。

食は、医食同源ともいわれるように、心身とも健康な体をつくる基本ですが、食品は医薬ではありません。病気を直接治すためのものではありませんが、健康を維持するため、より体の機能を高めるためには、科学的根拠のある食材・食品を意識して取ることも大切です。フーズ・サイエンスセンターは、食べることはヘルスケアの方法の一つであると考え、健康、美容に関連した新たな市場形成も視野に入れた支援も行っています。

具体的にどのような支援に取り組んでいるか——を紹介します。

2015年4月から機能性表示食品制度が始まりました。それまでも、特定保健用食品（トクホ）がありましたが、トクホは個々の製品ごとに消費者庁長官の許可を受けて保健の効果を表示することのできる食品で、特定の効果を商品ごとに科学的に証明することが求められています。これには、大変な経費と労力が必要で、中小の食品製造企業には、トクホの許可を受けることが難しい状況にあります。

これに対し機能性表示食品は、消費者庁に届け出て、リストに掲載されれば、機能性を表示できます。それには必要な科学的な根拠（データ）をそろえる必要があります。フーズ・サイエンスセンターは、大学と連携して、これらのデータを集める仕事を行っているのです（もちろん有料ですが、会員企業には格安で）。しっかりした科学雑誌等に掲載された論文のデータは根拠として用いることができますが、科学的データが見当たらないこともあります。その場合には、病院・大学と連携してデータづくりも手伝います。

科学的データがそろったら、消費者庁へ届けることになります。ただ届け出書類の作成にも専門知識が必要とされますので、こちらの方は、県の担当課と連携して進めます。申請書類には、消費者庁から質問がありますので、この対応も支援しています。

機能性表示食品については、初めて生鮮食品も申請できることになりました。果物や野菜、茶は、健康に役立つ機能性成分が含まれるものもあり、多くの研究成果も発表されています。しかし、生産地や栽培方法、気象などの自然条件によって、機能性成分の量が一定しないこともあります。これが今回、生産方式が管理でき、一定量以上の機能性成分の含有量が担保できれば、機能性を表示を認め販売できるようになったのです。

食料品や飲料の生産額が全国一の静岡県は、機能性表示食品の届け出数も日本一です。生鮮食品としての第1号は、「三ヶ日みかん」でした。成分としてはβ-クリプトキサンチン、機能は「骨代謝の働きを助けることにより骨の健康に役立つことが報告されている」となっています。三ヶ日みかんに続き、静岡の「とぴあみかん」、「清水みかん」、愛知の「西浦みかん」、広島の「広島みかん」も届け出ています。

生鮮食品に近い食品としては、メチル化カテキンを機能性成分として含む「べにふうき」

茶、機能性は「ハウスダストやほこりなどによる目や鼻の不快感を軽減する」です。また、β‐グルカンを含んだ「もっちり麦」は1日2杯160g食すことで、「コレステロールを下げおなかの調子を整える」商品です。このほか、N‐アセチルグルコサミンを含んだ「肌の乾燥しがちな方の潤いに役立つ＝ナグプラスうるるん肌ドリンク」、DHA・EPAを含んだ「血中中性脂肪を下げる＝シーチキン缶詰」等もあります。機能性食品に期待される付加価値は、血圧降下、ストレス軽減、肌弾力改善、血管弾力改善、便通改善、運動機能強化等、まだまだ、たくさん考えられます。

フーズ・サイエンスセンターが国の事業を活用して進める地場産品の機能性研究には次のようなものがあります。日光を遮断してアミノ酸含量を高め、うま味の大変強い新しい茶の開発▽花のような高い香りとうま味の調和した高香味発揚茶▽紅茶の赤色成分であるカテキンが2分子結合した機能性素材テアフラビンの製造技術と活用▽茶の生葉から直接テアフラビンを生産する技術開発▽ストレス緩和や血圧を正常に保つ機能があるGABAを含む発芽米の開発なども—。テアフラビンは、生活習慣病予防や抗ウイルス効果があり、安価に製造されるようになれば、様々な商品への活用が期待されています。

機能性食品開発以外にも、地域資源を活用した新商品開発に対する助成や、県内外・海外への販路拡大のための、商談会や展示会への出展支援、食品企業の社員などを対象とした食品学の講座、セミナー開催、アドバイザー派遣など幅広い事業を行っています。

フーズ・サイエンスセンターのような食品に特化した総合支援組織は全国にも例を見ません。

6次産業化の意味

6次産業化とは1次産業としての農林漁業、2次産業としての製造業、3次産業としての小売業などを事業者が総合的に組み合わせ、果物や野菜などの価値をさらに高め、所得（収入）を向上していく取り組みのことです。それによって、農林水産業を活性化させ、農山漁村の経済を豊かしていくことを目指します。1次産業の1×2次産業の2×3次産業の3の掛け算の6を意味し、由来は、東京大学名誉教授の今村奈良臣先生による提唱といわれています。

農林水産省が2016年3月に公表した「農林漁業および関連産業を中心とした産業連関表」にある「飲食費のフロー」（図1‐1‐12）によると、2011年は国内に、食用農林水産物10・5兆円と輸入加工食品5・9兆円が食材として供給され、最終消費段階で

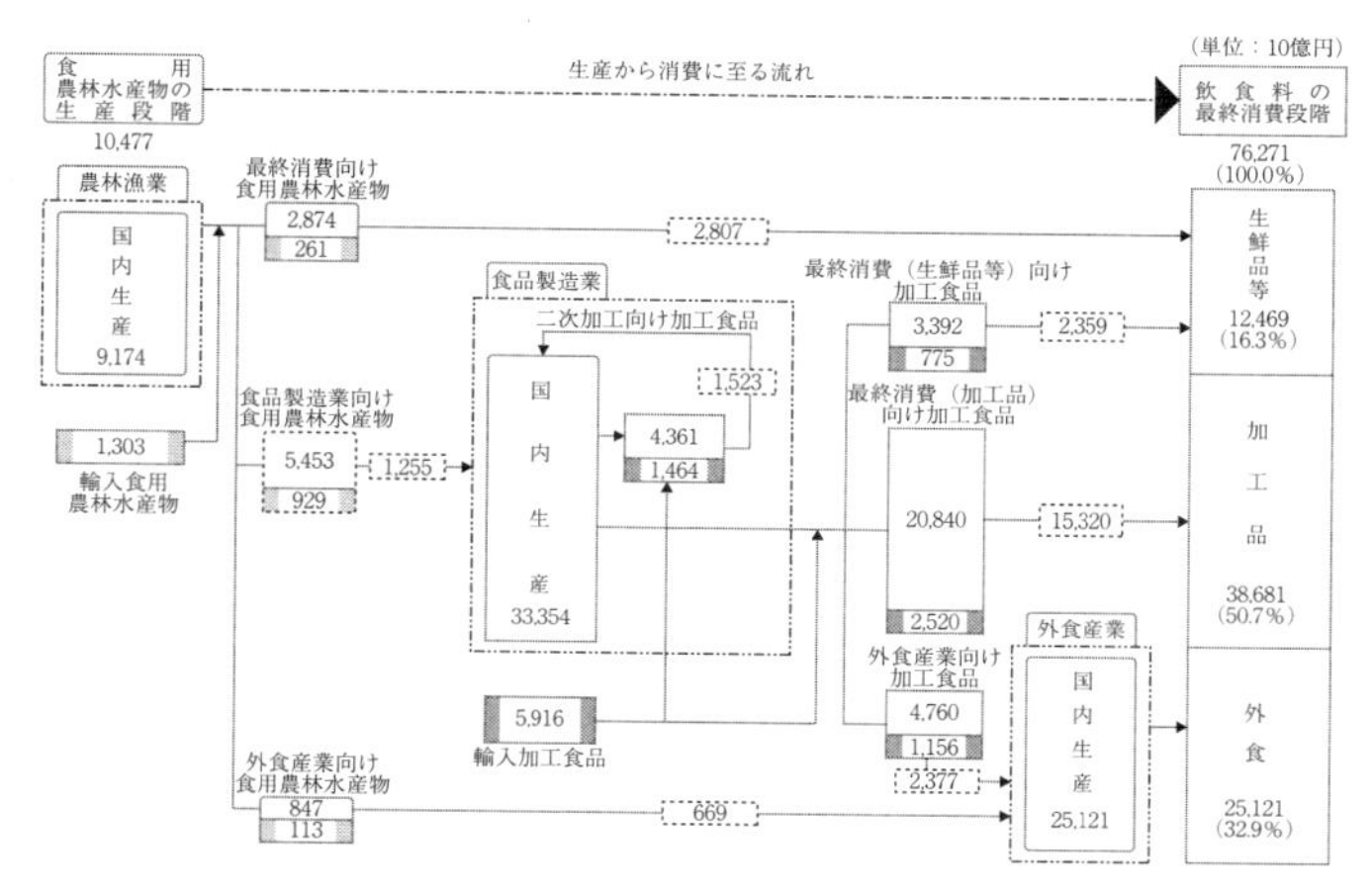

図 1-1-12　飲食費のフロー

出所：中田哲也（農林水産省統計部数理官）「飲食費のフローからみた我が国フードシステムの変遷と課題」（2016年6月19日日本フードシステム学会大会個別報告書資料

は加工経費、商業マージン、運賃、調理サービス代等が付加され、76・3兆円となっています。

詳しくみると、国内生産の9・2兆円の農林水産物のうち、生鮮品として販売に供される部分は2・9兆円、食品製造向けに5・5兆円、外食産業向けに0・8兆円です。生鮮として販売される農林水産物には、流通経費として2・8兆円が加わり、5・7兆円で最終消費者が買い求めると推定できます。6次産業化に取り組み、農産物直売場や無人販売、あるいは軽トラックなどで自販するようにすれば、この流通経費は農林水産業者の収入となると考えてもよいでしょう。農業者が野菜や果物をJAなどを通して市場で販売すると、収入は販売価格から、ＪＡと市場等の手数料を差し引いた額だけです。

また、食品製造業に回る５・４兆円分の農林水産物は流通経費と加工経費が加わり、加工品として消費者の手に渡る時にはおおよそ36兆円となり、価値増加率は６倍以上になります。もちろん加工には、工場設備、技術、人件費、流通経費などが必要ですから、農林業者が加工し販売したとしてもそのまま6倍強の付加価値がつくことにはなりませんが、６次産業化は収入増に結び付くと考えられます。外食の場合はもう少し複雑ですが、直販、加工よりさらに付加価値が高いと見ることができます。

６次産業化は、静岡県の茶生産で古くから取り組まれています。茶の生産は三つのパターンに分かれます。茶農家が所有している茶園から茶の生葉（なまは）を摘み取り荒茶工場に販売する生葉売り、茶園を持つ茶農家が共同で荒茶工場を持ち生葉を荒茶にして、茶市場や茶商（茶商工業者）に販売する場合、自ら茶園と茶工場を持ち、荒茶の生産と再加工を行って販売する場合（自園自製自販農家）―です。先掲のフロー図に当てはめると、生葉売り農家は生鮮販売に相当し（流通経費は売り上げから差し引かれるが）、自園自製自販農家は加工品販売に相当、茶葉販売農家はその中間に相当します。加工し、販売することで付加価値分を収入として得ることができます。

茶生産で今後生き残ると考えられるのは、生葉生産に特化し大規模に省力的な経営を行う茶農家（会社）、自園自製自販を大規模に行い特色ある商品を開発販売できる茶農家（会社）、加えて共同茶工場の中でも、経営の責任体制を明確にした茶農家集団（会社）ではないでしょうか。共同茶工場でも、組合組織で責任者が持ち回りであったりする場合は、売り上げが落ちたり、経営が苦しくなっている場合が多いのです。共同製茶工場の構成員（組合員）が高齢化でリタイアしていけば、協同組織そのものが存続できなくなります。最近では、茶商が茶園を所有し、存続が難しくなった共同茶工場を買い取り、原料（茶生葉）を自ら確保し、さらに近隣の茶農家から生葉を買い入れ、荒茶製造、再生加工、商品づくりを行う事例も出ています。農家の６次産業化ではなく、商工業者の６次産業化といえます。

農林水産省の「６次産業化の取り組み事例集（２０１８年2月）」を参考に事例を挙げてみます。

まずは、個別の農林漁業者による取り組みから。

▽茨城県笠間市有限会社ナガタフーズ。懐石の席で、刺し身の脇役である「つま」の食

べ残しが多いことに目を留め、おいしく食べてもらえるドレッシングを開発。大根栽培の専門農家とネットワークを構築し、産地リレーによる大根の安定確保を実現し、消費者ニーズに合わせた大根おろしを利用した魅力あるドレッシングを生産している。

▽群馬県渋川市の株式会社赤木深山ファーム。中山間地域で元気のいい農業をつくることを目標に、元そば店主だった代表が「そば店が本当に求めるそばを生産したい」との想いから取り組みを始めた。中山間地域の耕作放棄地や遊休農地を貸借システムである中間管理機構などを利用して集積。実需者の要望に応じて、異なる製粉方法で挽いた粉を配合したり、ソバ本来の香りを届ける適期の刈り取りを行ったりし、加工・保管にも気を使っている。

▽山梨県笛吹市の有限会社マルサフルーツ古屋農園。桃農家の高齢化により「日本一の桃の里」の桃園が減少していく中、遊休農地を借りて、低農薬無化学肥料栽培を開始。補助事業を活用し干し柿加工機械を整備するとともに、山梨をイメージさせるパッケージデザインを検討した。カフェ＋直売所を整備したほか、全国のスーパーにも販売している。

異業種から農林漁業に参入した事例もあります。

▽静岡市の株式会社エスファーム。２００８年、人材派遣業から農業に参入。野菜の減農薬栽培を開始、収益の上がらない規格外品を昼食として利用するために惣菜などの加工を始めた。販売コストの削減と付加価値を高めた商品販売を行うため、自社で加工直販施設を整備した。健康に配慮した女性目線の商品を開発するため、調理師を採用し、女性に人気のフルーツ入りの野菜スムージーなどのヘルシーメニューを開発するとともに市街地に直販店を開設し、収益を図っている。

農業観光連携や医療福祉農業連携など新しい取り組みも紹介します。

▽滋賀県東近江市の有限会社池田牧場。余剰牛乳の活用策としてジェラートへの加工を模索する中、米国での低脂肪アイスのブームを受け、イタリアで製造・販売技術を習得した社員が自社の生乳を活かした色々な商品開発製造をスタート。会長の夫人のアイデアで、地産地消、フローフード等消費者ニーズを捉えたレストランや宿泊治験施設を整備し、近隣の施設と連携して、着地型の観光、持続可能な観光を展開中。

▽大阪府泉南市のハートランド株式会社。障害者雇用を促進するため、２００６年会社を設立。07年に農業法人となり、08年にコクヨ株式会社の特例子会社となる。水耕栽培のサ

ラダほうれんそうの付加価値向上を図るため、レトルトスープなどの加工事業を展開。コクヨの健康管理室などと連携して開発した商品はコクヨ本社などの社員食堂で市場性を検討。施設の見学者も多く２０１７年には４１００名に及んだ。福祉施設との連携を強化するため、繁忙期には７カ所から作業支援を受けている。

農水省が提供している「６次産業化の取組み事例集」には、個別の農林漁業者による取り組み事例が69、農林漁業者団体などの複数の農林漁業者によるものが21、異業種による農林漁業に参入が６、農観連携や医福食農連携、再生可能エネルギーなど新しい分野が９、地域ぐるみが３、女性によるものが10、６次産業プランナーの活用が15、さらなる経営発展を目指したものが１事例、農林漁業成長産業化ファンドの活用が11、合計１６２事例が掲載されています。どの事例も、経営や取り組み内容がみな違う点が良いでしょう。これまで、不可能だと思っていたことも、新しい発想と一歩を踏み出す勇気、異業種の知恵や力を借りることで、誰もが注目する新しい農業ビジネスを展開することができることを教えてくれます。

６次産業化は新しいビジネスとして、地域の人たちが新しい働く場となることも重要です。取り組む者（経営者）には、雇用によって人々や地域を支える気構えが求められます。自らはもちろん、地域全体の所得の向上を目指すことが大切です。

スマート農業

農林水産省は「スマート農業の実現に向けた研究会」を２０１３年11月に設置しました。日本の農業現場では高齢化が著しく、高齢農業者のリタイアによる、労働力不足が大きな課題となっています。一方、近年のＩＣＴは急速に進展し、囲碁や将棋で人知を上回る能力を発揮するＡＩは、自動車の自動運転、ロボット技術に生かされています。さらに人工衛星を活用したリモートセンシング、センサーの性能は飛躍的に向上、ドローンなど新たな機器の開発も進み、農業分野での活用も進みつつあります。ロボット技術やＩＣＴを活用して超省力・高品質生産を図る新たな農業（スマート農業）は現実のものとなっているのです。

スマート農業の実現に向けた研究会は四つのコンセプトを設定しています。一つは従来にない超省力・大規模生産の実現です。農業機械の自動走行や果菜類の収穫ロボットなどによる手作業の機械化を視野に入れています。二つ目は、軽労化と作業の快適・効率化です。手作業に頼る部分についてはアシストスーツなどにより軽労化しようとするものです。除草や水管理などの管理作業の自動化を考えています。三つ目は熟練農業者の匠の技を形式知化して、そのノウハウを利用可能とする技術です。高齢者のリタイアにより失われる熟練の技、例えば作物と対話するようにして最適な栽培方法を施用するなどの技術を若い世代が使えるようにしようとするものです。四つ目は、センシング技術や蓄積された膨大な生産技術などのデータを適切に解析してきめ細かな栽培管理を行い、高品質で安定生産につなげる技術です。トラクターやコンバインに収量品質センサーを取り付け、GPSの位置情報と組み合わせて、水田や畑のポイントごとの土壌管理や病害虫防除を行う精密農業技術などです。従来は、作物の生育ステージに合わせて、肥料Aを10アール当たり○○kgに、病害虫の発生時期に合わせて農薬Bを散布というような栽培管理を行っていますが、畑の中の肥沃度の違いをあらかじめ把握しておき、必要なだけ肥料を施用するなど、最少の資源投入で目的とする品質収量を確保を目指します。

２０１６年1月の第3回研究会では、ロボット技術、ICTについての資料が提出されました。今後の展開方向として、①経験がない者でも、精度の高い作業ができるGPSを用いた運転アシスト②複数の大型農業機械を同時に操作可能な有人、無人走行システム、障害物や人の検知など安全保護技術、高精度測位のためのインフラ整備戦略③センシング情報などに基づき最適な用排水制御を自動で行うシステム④ドローンなどによる見回り作業⑤中山間地域の法面除草の自動化⑤ＧＰＳを活用したドローンによる空中散布自動化⑥センシングデータに基づき施肥や防除を高精度かつ効率的に行う作業機械の開発―などが挙げられました。

野菜栽培では、①収穫期の手作業による選別作業に代わる、規格外を判別し除外する技術の開発②ドローンによる生育状況や被害情報などの把握、有害鳥獣対策③温室などで作物の収量や品質を確保するための最適な生育条件の知見の収集と複合環境制御技術の高度化④収穫ロボットを用いた機械化、収穫ロボットに適した栽培方法の確立⑤圃場や施設での自動運搬ロボット、周囲の状況を認識し、走行ルートをモデル化する技術の開発―などを取り上げています。

果樹栽培では、①園地における除草の自動化②果樹園における自動無人防除機械の開発③収穫ロボットを用いた機械化、品目横断的に使え、管理作業にも使えるマニピュレーター型ロボットの開発④ＧＰＳを活用して圃場内を自由に動く運搬ロボットの開発⑤重量物運搬の軽減化を図れるアシストスーツの開発⑥高付加価値化に向けた高度な選果システムの開発―などです。

２０１６年11月に開催された第5回研究会では、人工知能やＩｏＴによるスマート農業の資料が提出されています。人工知能やＩｏＴの利活用の例として、①ビッグデータ解析に基づく最適な栽培管理。センシング技術により、微気象、土壌、生育などのリアルタイムのデータを取得し、圃場の状態を見える化することで、精密管理を可能とし、これまで認識できなかった複雑な因果関係を解析し、最適管理を実現する②人工知能による複雑な作業のロボット化、例えば果樹や果菜類の収穫などの複雑な作業をロボットに任せ画像処理によって収穫適期も判定する③画像認識による病害虫発生の早期発見④自律的判断ができる農業機械の自動・行動化―などを見据えています。

これら技術の実用化には、解決すべき課題がたくさんあります。水田や畑、施設園芸など、作物栽培の環境は、例えばトマト一つとっても、植物体の大きさ、生育状況、実のつく位置などどれも同じではありません。熟練の農業者であれば、知識、経験、勘を組み合わせて、播種、苗の植え付け、土壌管理、芽かき、枝の誘引、不要な葉の除去、徒長抑制、病害虫の発見と防除、収穫適期の判定、収穫、選別、出荷を難なく行うことができます。ＩｏＴ、人工知能、ロボットなどの急速な進歩で近い将来、機械が人に代わることは可能でしょうが、道のりは険しいかもしれません。

２０１７年３月に開催された第６回研究会では、農業機械の自動走行に関する安全性ガイドラインの策定について議論されました。農業現場、特に水田や畑は、道路のように、不特定多数の人たちや型式や性能の異なった自動車などが、それぞれ勝手に動き回るというような場所ではありません。その点では、自動走行に取り組みやすい環境とも考えられますが、安全性確保のために、製造者、販売者、導入主体、使用者などと、また、事故発生時の対応、国の施策などをしっかり詰めておく必要があります。

ナンバーワンとオンリーワン

ビジネス経営体や６次産業化を実践している農業経営体はオンリーワン経営です。紹介した事例をを見ても、規模の大小はあっても、いずれも特色ある経営を行っているところばかりです。

国や県や市町村は、それぞれの農業者に対して支援策を実施していますが、個人や特定の法人を対象にした支援策は、公平・平等の立場からは行いにくい側面もあります。このため、国や自治体は、すべての農業者や法人が活用できる技術の開発や情報提供、資金などの支援策を実施し、国全体や地域全体の底上げを図ってきました。

例えば、静岡県の茶は生産量、産出額ともに日本一、ナンバーワンです。ナンバーワンは地域の産業を考える上で大変重要な意味があります。そこには、情報、人、金が集まってきます。「静岡といえばお茶」といわれるように、日本だけでなく、世界の人々にもよく知られるようになります。静岡には、全国の茶産地から荒茶が集まり、静岡の茶商が加工して、全国へ出荷しています。県内で生産される荒茶は、他県産に比べ高値で取引されてきました。茶商の加工技術も高く、出荷されるお茶は、全国の小売店やデパートなどで高く評価されています。静岡市にある静岡茶市場の相場は、荒茶取引の相場、目安になっています。静岡で開催される世界お茶まつりには、世界各国から茶の出展やコンクールへの参加があり、バイヤーが集まります。これも静岡が日本一の茶産地だからです。

しかし、静岡は、初めから日本一だったわけではありません。グラフを見てください（図1-1-13）。

このグラフは1877年から現在までの全国の荒茶生産量と静岡県のシェアを示しています。1877年は、明治10年、開国して間もないころです。余談ですが、茶は生糸と並ぶ外貨獲得のための重要な農産品であったことから、1877年から生産統計があります

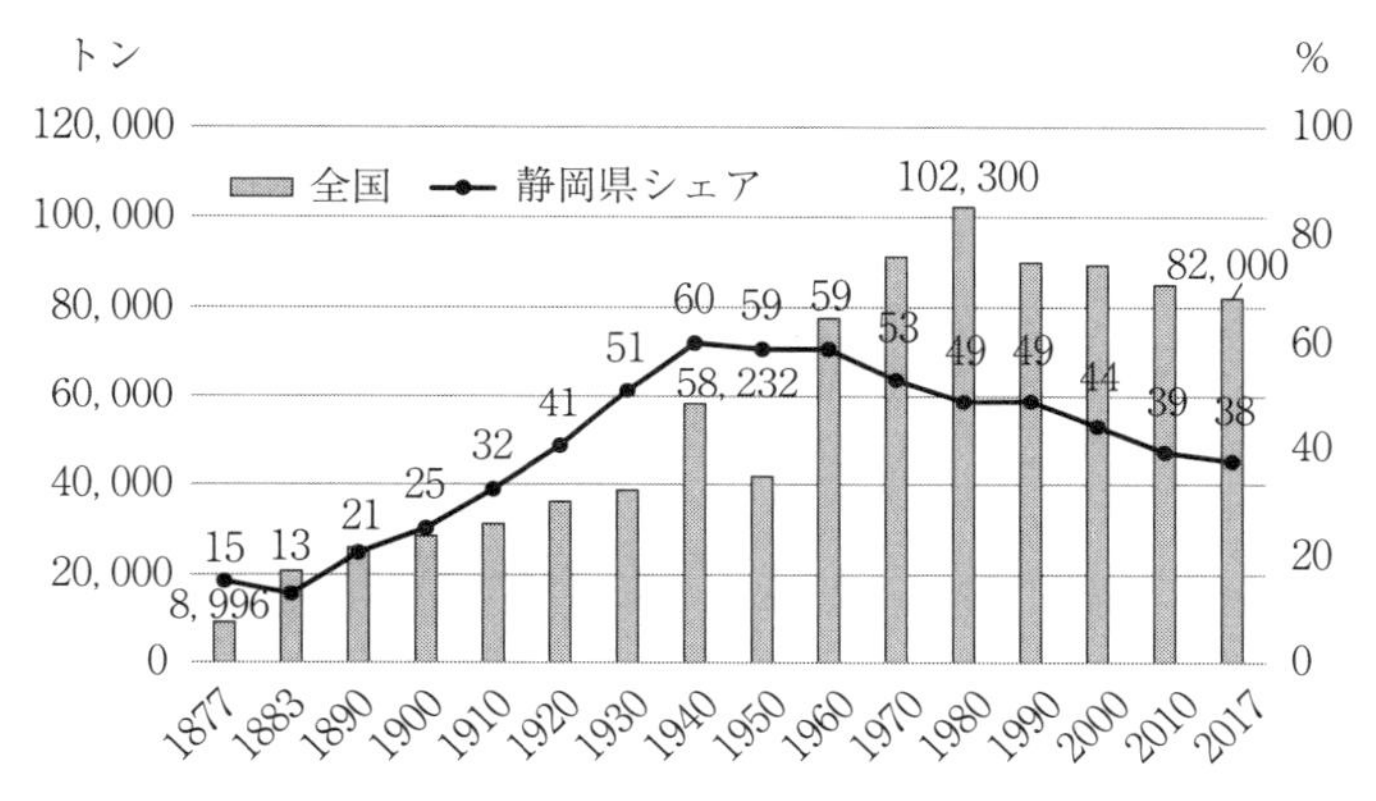

図 1-1-13　全国の荒茶生産量と静岡県のシェア

（資料：静岡統計情協会他）

（茶の輸出統計は安政6年、1859年からあります）。

1877年の全国の荒茶生産量は8996トン、静岡県のシェアは15％でした。荒茶の生産量は、輸出量の増加もあって第2次世界大戦前の1940年には5万8232トンまで増加し、静岡県のシェアは60％まで拡大しました。第2次世界大戦で一時生産量は減少しましたが、高度経済成長による茶の国内需要の拡大もあって1980年には10万2300トンまで拡大しました。しかし、徐々に減少し、2017年には38％まで下がりました。シェア38％でもナンバーワンですが、シェア60％とは勢いが違います。

何が、静岡をナンバーワンにしたのでしょうか。

静岡の茶の栽培の歴史は古く、鎌倉時代には、京都から鎌倉に向かう僧の旅日記に、「駿河国麻利子（丸子）」や清見寺、見付、伊豆国で茶のもてなしを受けたという記録があります。県のほぼ全域で茶が作られ、茶を飲む場所があったことが分かります。このような記録は、室町時代や戦国時代にもあり、江戸時代になると、徳川家康が駿府で茶会を開き、駿府や遠江から集めた茶を駿府城下の商人に払い下げたことや、山間地の上級茶を年貢として駿府に運ばせたとか、茶を専門に扱う商人が台頭してきたことが文書に残っています。また、江戸が発展するにつれ、茶の需要は高まり、換金作物として注目されるようになりました。

１７３８年、宇治の永谷宗円という人が、現在の煎茶の製法を完成しました。煎茶が江戸で高値で取引されることを知った静岡の茶生産者の一人である伊久美村（現在の島田市川根）の坂本藤吉は、１８３６年宇治から茶師を大金で招き製法の勉強を始めました。こうした取り組みが県内各地で行われ、静岡県の中山間地域などは良質な茶の生産地として知られるようになりました。静岡が茶生産のナンバーワンになったきっかけは、大消費地で高く売れる高品質な茶の製法を、当時一流の茶師から学んだことだったのです。

安政６年（１８５９）の横浜開港は静岡に大きなチャンスをもたらしました。横浜港からの当時の茶輸出量を調べてみると、１８５９年２４０トン、１８６１年１８３６トン、

1865年4782トン、明治元年（1868）に6069トン、1874年には1万トンを超え、1886年には2万トンと急伸しました。1886年の統計では、全国の生産量2万5709トンの80％相当量が輸出されています。静岡は、横浜港に近いという地の利を得て、輸出用の茶の生産に力を入れました。1889年には東海道線が開通し、茶の輸送に鉄道を利用することができるようになり、1899年には清水港が開港し、直接輸出が可能となりました。さらに、茶商の集まる静岡市内から清水港まで鉄道が敷設され、ますます輸出しやすい環境が整いました。ナンバーワンになった第二の理由はインフラ整備と輸出システムが出来たことです。

三つ目は、茶園造成の大規模な開拓が行われたことです。1868年明治維新で職を失った士族が牧之原に入植しました。また、大井川の川越人足も士族に続いて入植しました。近隣の茶農家も牧之原の開拓に乗り出し、現在の約5千haにおよぶ大茶園が出来ました。前述したように、輸出向けが好調で、茶の増産の追い風となりました。時が味方したのです。

四つ目は、摘採や製造の機械開発が主に静岡で行われたことです。茶摘みは手間のかかる作業です。摘採を一挙に効率化したのは、1915年の茶ばさみの発明です。茶ばさみに続き、1人用の動力摘採、2人で使う可搬型摘採機が次々に開発されました。これらは県内で開発され、地元から普及し、摘採効率が飛躍的に高まりました。さらに、手揉みも機械化されてが製造効率を良くし、重労働からも解放しました。粗揉機こそ埼玉県で発明されましたが、揉捻機の開発と改良、普及は、静岡の機械メーカーが担いました。中揉機、精揉機、蒸機、電力製茶工場も静岡の発明で、静岡で改良され普及しました。

五つ目は技術開発です。中心となったのは、県が設置した茶業試験場です。ここでは、品種改良、増殖、栽培、製造、気象災害防止、病害虫防除などの研究が行われました。茶業関係者に対する講習会も開催され、新技術の普及が進みました。国立の茶業試験場が県立試験場のすぐそばに設置され、両試験場が協力して、新技術を開発しました。近隣の生産者はこれにいち早く触れることのできたのです。

六つ目は、「やぶきた」という優れた品種の育成と普及です。明治から昭和にかけて茶の育種に生涯をかけた杉山彦三郎翁がつくったやぶきたは良質茶の生産に大きく貢献しました。杉山翁は苗木によるやぶきたの繁殖方法を普及しました。それまでは、茶の種を畑に直接まいていましたが、苗木での増殖は、同じ遺伝子型を持った苗（クローン苗）だけで茶園を作ることを可能にしました。クローン苗で作られた茶園では、初夏、一斉に新芽が生育し、一度に摘採が可能となったのです。機械で一斉に摘み取ることができるため、収穫作業の省力化と品質の向上の両方が可能となりました。

七つ目は、深蒸し茶の発明です。誰の発明かははっきりしません。牧之原のような日差しの強い地域では、夏の茶が苦渋くなることが課題でした。摘み取った新芽を普通の茶の製造時の数倍長く蒸すことにより、苦渋みが抑えられ、緑色のきれいなお茶になりました。熱湯で淹れても誰が淹れてもおいしいお茶になることも分かりました。高度成長時代、都会の忙しい人たちに受け入れられ爆発的に売れました。消費者の求めるものをマーケットにいち早く投入したことも、ナンバーワンに結び付く力となりました。

このように多くの要素が重合して、ナンバーワンの座を築き守ってきた静岡茶も危機に立っています。近年、鹿児島県などの新興産地の追い上げで、シェアが落ちナンバーワンの地位が揺らごうとしています。

ナンバーワンであるからこそ、情報や技術やお金が集まるのです。農業をビジネスとして発展させ競争に負けないためには、ナンバーワンと、ビジネス経営体や6次産業化に取り組む農業経営者のようなオンリーワンが、同じエリア内で事業を展開してくことが大切です。

新しく農業を始める

新しく農業を始める人たちを新規就農者といいます。高齢でリタイアする農業者が今後、急速に増えていく中、農業法人に社員として勤務する人を含め一定の新規就農者が求められます。

農林水産省の統計は新規就農者を、新規自営農業就農者、新規雇用就農者、新規参入者に区分しています。

新規自営農業就農者とは家族経営体の世帯員で、学生や、会社などで働いていたが自営農業に従事するようになった人のことです。新規雇用就農者とは法人などに常時雇用として農業に従事した人、新規参入者とは土地や資金を独自に調達して農業経営を新しく開始した経営の責任者や共同経営者をいいます。

新規就農者調査は、２０１６年の調査によると、６万１５０人でした。

新規就農者は2年連続で6万人を超えました。年齢別にみると、高校卒業で農業を始めた者は約1千人、20代、30代、40代、50代がそれぞれ7千人、定年退職後（60代以降）に農業を始める方々が3万人です。

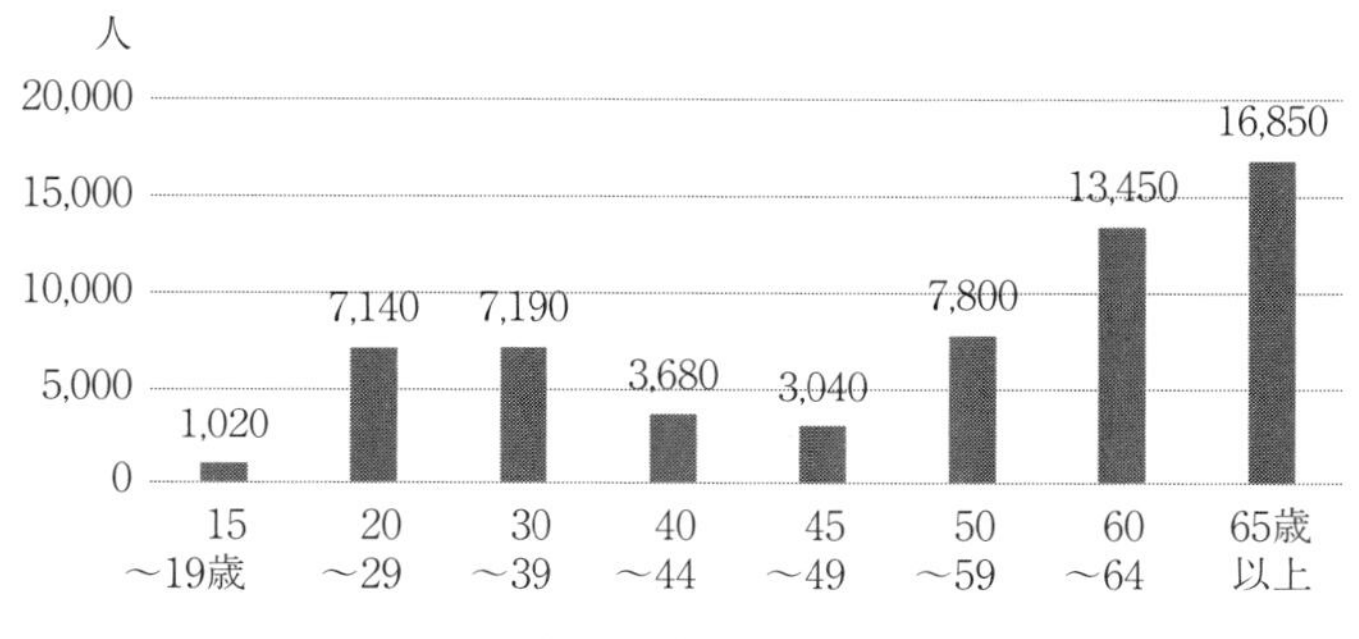

図 1-1-14　年齢別新規就農者数2016年

（出所：農林水産省新規就農者調査）

「農業者って何」のところで述べましたが、農業を魅力的な産業とし、誰もが農業をやりたくなるようにしていくには、生きがいや趣味で農業を行う人とは別に、ビジネス農業を実践する者が45万人ぐらい必要です。この人数を20代から60代に割り当てますと、各世代10万人弱となります。現在の年齢別農業就業者の数をみると、40代以上は各世代10万人以上いますが、20代、30代の農業就業者（ビジネスを目指す農業就業者）は現在4万人から5万人ですので、各世代5万人ぐらいのビジネス農業を目指す新規就農者が必要となります。しかし、20代、30代は1万人に満たない数です。高齢農業者がリタイアしていけば、農地には大きな空きが生じます。一方、国産で品質が確かな農産物を食べたいと希望する消費者は増えることがあっても減ることはありません。若い農業者、ビジネスとしての農

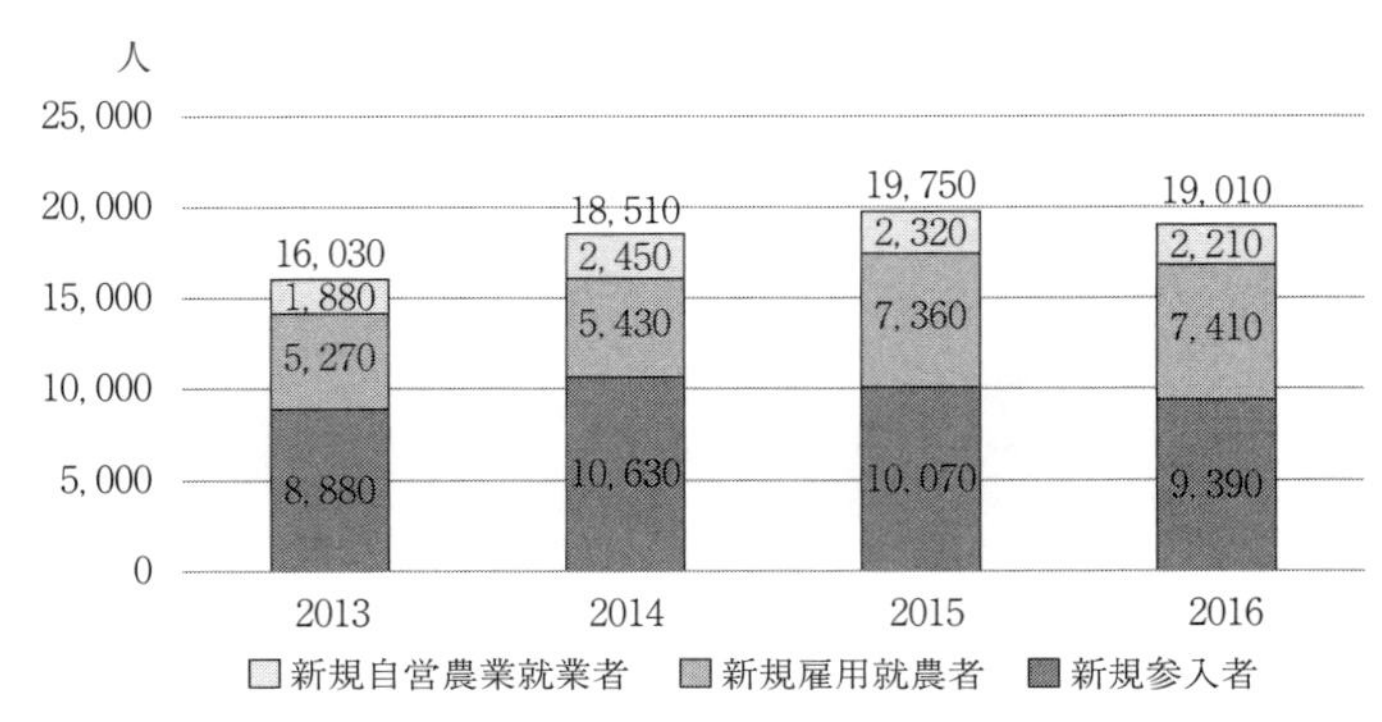

図 1-1-15　就農形態別の新規就農者数（44歳以下）

（出所：農林水産省新規就農者調査）

業に挑戦しようとする若者は全く足りない状況だといえます。

新規就農者をもう少し詳しく見ていきましょう。図１-１-15はこれから日本の農業の中心になっていく44歳以下の新規就農者を就農形態別に調べた結果です。これをみると、家業が農家で、親の農業現場に入る者が約半分を占め最も多くなっていますが、この比率は年々小さくなる傾向にあります。増えているのは、法人などに常時雇用として新規に従事した者です。ビジネス経営体などの法人は、若く能力のある若者を募集しています。将来法人の幹部候補となる可能性もあり、これから就職先として農業を選択してく若者は多くなると期待しています。グラフには示しませんでしたが、新規雇用就農者数の大部分は45歳以下です。また、新規参入者として、土地や資金を独自に調達して新しく農業経営を始める若者も全体の1割、2千人を超えています。他産業では、新規起業する若者の比率は高くありませんが、農業では、土地や農業機械などに多額の投資が必要となるにもかかわらず、毎年2千もの新規起業があるのは頼もしい限りです。新規参入者もその大部分が45歳以下です。この中から、将来数億円以上を売り上げるビジネス経営者が現れると期待しています。

若者が農業参入を躊躇する理由の一つは、農家の所得水準が低い例が多く、新規に農業に入った場合、十分な所得が得られるか、経営者としてやりがいを実感できるかなどの不安があるからです。

これに加え、農業外から就農する場合、農業技術の習得や、農地の借り入れ、農業機械や施設を取得するための資金、営農資金の確保が必要であり、親の後を継ぐ場合に比べて高いハードルがあります。例えば、水田を始める場合、農業機械だけでもトラクター約300万円、田植え機100万円、防除のための噴霧器100万円、コンバイン400万円という資金が必要になります。ほかに就農地の選択や農地の確保、住宅の確保も必要です。

国や県、市町村では、新規参入者への様々な支援があります。新しく農業を始めるに当たって、国や県からどのような支援制度があるかについては、次節（第2部）の大谷氏の

「静岡県の農業ビジネスのすすめ」を参考にしてください。静岡で農業を始める支援策を具体的に知ることができます。静岡県外の方にとっても、同じような支援策が各県で行われています。

ただ、支援策の多くは税金で賄われていますので、利用しようとする場合は、しっかりした将来計画と農業に向き合う覚悟が必要です。家族経営であっても法人経営であっても、すべて事業主、経営者であり、社長であることを忘れてはなりません。支援策を受けて、農業を始めた若者の多くが、満足ゆく収入を得て、各地域の中心的な農業経営者になっていただけるよう願っています。

第2節　静岡県の農業ビジネスのすすめ（公益社団法人　静岡県農業振興公社理事長　大谷徳生）

1　静岡県で農業を始めるにはどうするか

（1）新規就農者の動向

これまでの新規就農者は、親の後を引き継いで、農業経営を行う場合が多かったのですが、最近は、こうした農家後継者は減少しており、農家出身ではない人が、会社を辞めて自ら農業経営したり、農業法人などに就職したりする人が増えています。

静岡県の調査では、２００３年の新規就農者は２０５人。このうち農家後継者は１７４人で85％を占めており、サラリーマン等をしていた人の就農（独立就農）は22人で11％、農業法人等への就職（法人就農）は９人で４％でした。

16年には、新規就農者は全体で３１３人。この十数年で１・５倍に増えています。そして、このうち農家後継者は41人で13％へと減少しましたが、独立就農は84人で27％に増加、法人就農は１８８人で60％を占めるほど大幅に増えています（図１‐２‐１）。

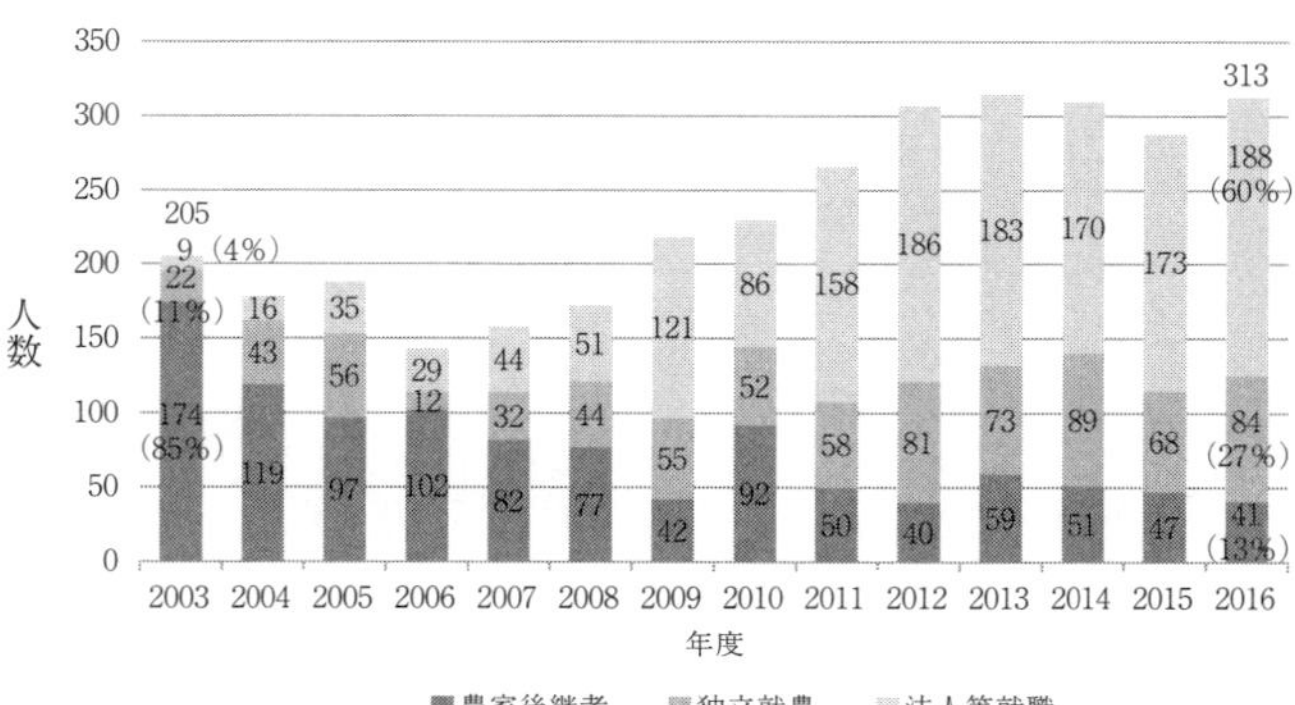

図 1-2-1　静岡県内の新規就農者数の推移（県農業ビジネス課調べ）

　このように、農家後継者の減少、独立就農の増加、法人就農の大幅な増加など、新規就農の構造が大きく変わっています。

　それでは、どうして元々家業が農業ではない人が就農を志すのでしょうか。

（2）なぜ農業を始めたいの？

　農業を始めたいと思う動機は様々です。「時間が自由に取れる」「家族と一緒にいる時間が多い」「田舎暮らしに憧れている」「自然の中で仕事ができる」「人付き合いが苦手なので植物を相手に仕事をしたい」「都会の生活がいやになった」などの理由をよく聞きます。

　例えば、サラリーマンだと通勤が大変。朝から晩まで働いて、さらに残業もある。休みは土日だけ。仕事があれば休日の出勤がある―と言う人もいます。裏を返せば、農業に対しては、自分で自由の時間をつくれる。休みが自由に取れる。夜の仕事がない等と思っているようですが、実際はどうなのでしょう。

（3）ほんとうに農業は自由か？

農業を始めたいと思う多くの人が農業の自由さを挙げています。しかし「思い」と「現実」は違います。

実際のところ、農業はかなり時間的制約があり、忙しい仕事の一つです。種まきや苗の植え付け、収穫は、適期にしなければなりません。その前に畑を耕すなどの作業もあります。天候で作業が思うようにできないこともあり、作業が集中することもあります。収穫物を出荷するための調整、荷造りで夜まで仕事をする場合もあります。

田舎で暮らし、自然の中で仕事ができるとはいえ、新たに農業を始めるのですから、技術がなければ売れる農産物は出来ません。さらに大規模な農業者と異なり、最初は規模も小さい中で始めるので収入が多く得られるわけではありません。また、生活費をどうしていくかも大きな課題です。まずは就農時、ある程度の手持ちのお金が必要です。

しかし、こうした課題を抱えながらも、初めて農業に挑み、成功している事例もあります。県や国の新規就農者への支援事業を上手に使って優秀な農業経営者になり、収入も周辺の農家より多い人もいます。

それでは農業を始めるには、どうすればよいのでしょうか。農業の始め方には、「自分で農業経営を行う」「農業法人等に就職する」の二つがあります。

(4) 農業で働くとは?

ア 自分で農業経営を行う

農業を始めるに当たって必要なことは、「農業の知識・技術を学ぶこと」「農地を確保すること」「資金を確保すること」です。

植物の基本知識、作ろうと考えている農作物の知識、農業全般の知識がまず必要で栽培する技術も学ばなければなりません。種まきはいつか。苗の植え付けはいつか。露地の畑で作るのか。農業用ハウスなどの施設で作るのか。栽培作物は何にするのか―などを考えなければなりません。知識とともに、実際の技術を身に付けなければなりません。

言うまでもなく農業には農地が必要です。農地は、農家でなければ購入できません。このため、地主から借りることになります。農地の貸借には、農地法、農業経営基盤強化促進法、農地中間管理事業の推進に関する法律など、法律に基づく手続きを要します。そして農地は、農業の技術があって、解除条件付き（農地を適切に使っていない等の理由で貸借契約を解除できる制度）であれば、非農家でも借りることが可能ですが、下限面積等の要件を満たさなければなりません。詳細は農業委員会等で確認してください。

資金も必要ですが、作物により、必要な金額は異なります。農業用ハウスなどを使う施設園芸では、ビニールハウス代や暖房機代。水耕栽培であればその施設費などがかかります。露地の畑で野菜を栽培する場合では、畑を耕し平らにするトラクターなどが必要です。さらに、資材や収穫物を運ぶ軽トラックが必要になります。これらを自己資金で対応できればいいのですが、多くの場合は借り入れます。新規就農者なら、要件はありますが、青年等就農資金を無利子で借りることも可能です。

イ　農業法人等へ就職する

自ら農業経営を行うことがすぐには困難な場合や、農業を就職の場と考えている人は、農業法人等（農業経営を行う株式会社等）の従業員となる道もあります。

農業法人等への就職者は、農業をしながら技術力を高め、将来はハウス数棟の栽培を任せられたり、法人の構成員として経営に参加できたりする場合もあります。さらに、将来、法人から独立して自ら農業経営に挑戦することもできるでしょう。

農業法人等の求人情報は、ホームページやハローワーク、農業関係の就職求人サイトで知ることができます。静岡県農業振興公社は無料職業紹介所「ハローアグリしずおか」を開設していますし、ＪＡ静岡中央会でも求人サイトで農業法人の求人募集しています。掲載内容を把握した後は、具体的な就業条件について、問い合わせをしてみてください。

（５）新規就農までのステップ

農業を始めたい人、農業で働きたい人は、就農までのステップがあります（図１‐２‐２）。まずは、情報収集のための相談が第一歩です。ステップごとに、県や国の新規就農者の支援事業が様々ありますので利用することができます。

①相談

県内７カ所の農林事務所や静岡県農業振興公社の青年農業者等育成センターに新規就農

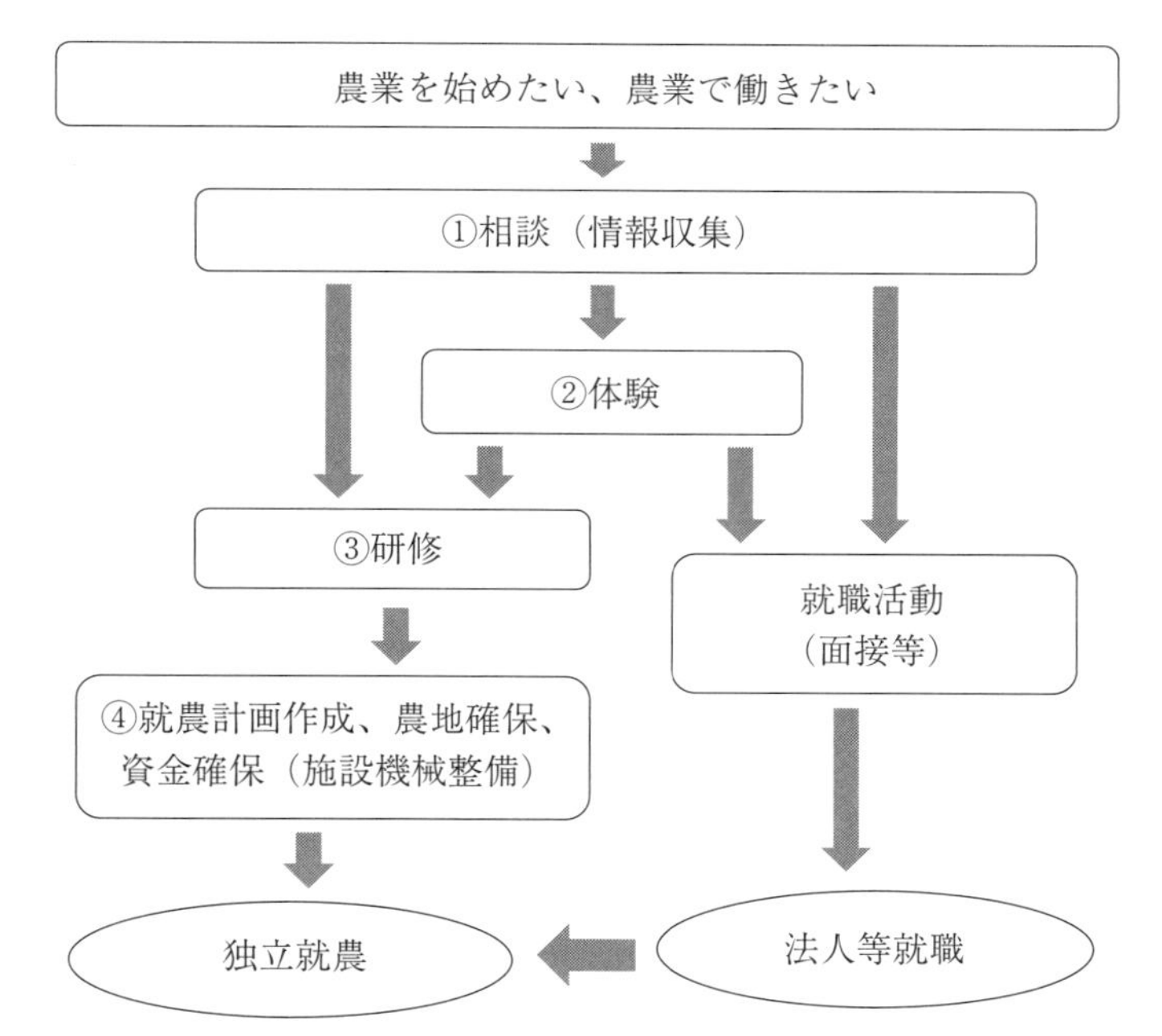

図 1-2-2　新規就農までのステップ

の相談窓口があります。東京で開催される就農相談会や、全国各地で行われる新農業人フェア等にも出展し、静岡県の相談ブースを設けています。

②体験

農業が初めての人は、静岡県の短期農業インターン受入事業により、県内で農業を体験することができます。期間は3日から7日間。農家や農業法人で、トマトやイチゴなどの野菜、果樹、畜産など様々な農業を実地で知ることが可能です。社会人・学生向けと高校生向けの2コースがあります。

また、県農林大学校では、「静岡アグリ実践大学」を開設し、就農を目指す方を対象に講義や実習を行っています。

③研修

農家になる、農業経営者になる。それには、農業技術や経営など、農業の実際を学ばなければなりません。研修制度として、静岡県と静岡県農業振興公社が実施する「がんばる新農業人支援事業」があります。概ね45歳未満の非農家出身の人や、第2種兼業農家（農業で得る所得よりも農業外の所得の方が多い農家）出身の人で就農意欲が高い人が対象で、研修修了後は研修した地域で就農できることが条件です。研修期間は1年間、農作業だけでなく農業経営などについても学びます。

この研修は、農協を中心に、受け入れ農家、市町、農林事務所等で構成する地域受け入れ連絡会の支援のもと研修する「地域受入型」と、農業法人等で研修する「農業法人等受入型」の2種類があります。

18年度に「地域受入型」のある農協は、ＪＡ伊豆の国（ミニトマト、イチゴ）、ＪＡ三島函南（トマト）、ＪＡおおいがわ（イチゴ）、ＪＡハイナン（レタス・トルコギキョウ複合）、ＪＡ掛川市（イチゴ）、ＪＡ遠州夢咲（イチゴ、トマト）、ＪＡ遠州中央（イチゴ、白ネギ、エビイモ）、ＪＡとぴあ浜松（タマネギ、セルリー）、丸浜柑橘連（ミカン、ミカン・ブルーベリー複合）です。かっこ内は、研修生を受け入れる品目です。なお19年度から、制度や受け入れ農協等が変更され、「農業法人等受入型」は「県域受入型」となります。

④計画作成、農地確保、交付金・資金確保

研修を済ませ、いざ独立就農となれば、事前に農地はもちろん、施設や機械の準備、そのための資金の準備に入ります。まず、青年等就農計画の作成が必要です。就農計画が市町の認定を受けて、認定新規就農者となれば、交付金や資金、農地の確保などで重点的に支援を受けることができます。

また、研修者には国から「農業次世代人材投資事業」により2タイプの資金が交付されます。「準備型」は最長2年間、就農時に45歳未満で、県の定める研修機関での研修を受ける人に1年に150万円交付されます。「経営開始型」は、独立就農時に45歳未満の者で、青年等就農計画の作成、人・農地プラン（地域の農業の担い手や農地の現状、将来を記載した計画）への位置付け等を条件に、農業経営開始から5年間、最大で1年に150万円が交付されます。「準備型」「経営開始型」は両方もらえます。対象年齢は、19年度からは50歳未満に引き上げられるなど、制度が一部変更されます。

農地確保のためには、農地法第3条によるもののほか、静岡県農業振興公社が地権者からいったん借り受けた農地を貸し出す農地中間管理事業や、地権者から直接相対で借りる利用権設定等促進事業などの制度を使えます。

農業施設や機械等の整備には、限度額3700万円、無利子の「青年等就農資金」を借りることができます。償還期間は12年以内。19年度からは期間17年以内に変更されます。新規就農者の多くは、この資金を活用しています。さらに、国の「経営体育成支援事業」で、農業用機械や施設の費用の一部を補助する制度があります。補助の上限は300万円、事業にかかる経費の10分の3以内です。19年度から事業は「強い農業・担い手づくり総合支援交付金」に変更されます。

それぞれのステップごとに活用できる事業を一覧で表すと上表の通りです（表1-2-

表1-2-1　就農までのステップと利用できる事業等

ステップ	利用できる事業等
①相談	就農相談窓口、就農相談会、新農業人フェア
②体験	短期農業インターン受入事業、静岡アグリ実践大学
③研修	がんばる新農業人支援事業（地域受入型、農業法人等受入型）
④計画作成、農地・資金等確保	農地中間管理事業、農業次世代人材投資事業（準備型、経営開始型）、経営体育成支援事業、青年等就農資金

1）。支援策についての詳細は、県、国に確認してください。

（6）新規就農で成功した事例は？

実際に、静岡県で新規就農した人の農業経営はどうなっているのでしょうか。県が実施している「がんばる新農業人支援事業」により研修を受けて他産業・異業種から新規就農者となった人は、２００４年から17年の間に１４４人です。うち現在も営農している人は１４２人。営農定着率は98・６％、離農したのはわずか２人です。

あるミニトマトの産地は、生産者46人のうち43人が研修後に農業を始めた新規就農者で占められ、産地の発展に大きく貢献しています。また、ある農協管内の新規就農者の平均経営面積はイチゴ、ミニトマトともに28アールで、その地域の平均を超えています。

しっかりと研修を受け、技術を習得した新規就農者は継続して農業に従事し、成功しているといえます。こうした新規就農者の以前の職業は銀行や通信会社、印刷会社、建築会社など様々。半数は東京都や神奈川県など県外の出身で、就農後は静岡県に定住しています。農業を行うには、出身地も関係ありません。やる気、意欲の問題なのです。

さて、一番気になるのは、新規就農者がどのくらい売り上げているかです。調べてみると、ミニトマトで就農5年目にして10アール当たり1千万円を売り上げる人や、イチゴでは就農7年目で900万円を売り上げる人もいます。産地の中でも上位に入る売上額です。経費を除いた収入は、売り上げの3～4割といわれており、経営面積を平均の28アールとすれば、かなりの収入です。サラリーマン時代の給料と同じくらいか、それ以上の人もいます。

このほか、新規就農者の実績も目立ちます。産地で行われるイチゴの果実の品評会（農産物の良さ、出来を比較審査し表彰するもの）で上位に入賞したり、生産性向上を目的に栽培や経営等の情報を共有するグループを立ち上げたりと、収量・品質の向上に熱心に取り組んでいます。

（7）新規就農者で法人化した例は

新規就農者が農業法人になる事例も見られます。短期間で法人化したり、就農と同時に法人化したり。最近では、㈱やさいの樹（菊川市、２００８年法人化、レタス・キャベツ等野菜生産）、㈱ソイルパッション（菊川市、２００９年法人化、レタス・枝豆等野菜生産）、㈱パシオス（磐田市、２０１６年法人化、キャベツ・アスパラガス等野菜生産）、㈱Ｂｅｇｇｙ（浜松市、２０１６年法人化、レタス・キャベツ等野菜生産）、㈱アイファーム（浜松市、２０１６年法人化、ブロッコリー等野菜生産）などを挙げることができます。露地で野菜を生産する法人が多く、中には、すでにビジネス経営体となっている例もあります。

また、がんばる新農業人支援事業により研修を受けて新規就農した人が、法人化に取り組む動きも相次ぎ、今後の農業経営の発展が大いに期待できます。

２　静岡県内で法人化するにはどうするか

（1）静岡県内の農業法人の動き

ア　法人経営が増加している

農業をしているのが農家。農家は家族で農作業をしている―というのが、従来の農業のイメージでした。総農家数は1990年の約10万戸が、2015年には6万1千戸へと6割に減少しています。また、農業所得は、国の調査では農家1戸当たり年平均160万円くらいです。一方で、最近は雇用により労働力を確保し、法人格を持つ農業法人が増加しており、数千万円以上を売り上げる法人も増えています。

県内の農業法人は、2009年以降、農地法改正で企業が農地を借りやすくなったことなどから、参入企業も増え、法人数は年々増勢傾向にあります。静岡県の調べでは、2009年1月現在の農業法人数は537。その5年後の14年は650。18年には810であり、この9年間で1.5倍、273法人の増加です。1年間では平均30法人の増加です（図1-2-3）。今後も、増加傾向は続くと思われます。

これら法人のうち、県が「ビジネス経営体」と呼ぶ法人経営体、すなわち農業をビジネスとして経営する法人が増えています。2018年1月現在、ビジネス経営体数は416、推定の販売総額は876億円、1経営体当たりの平均販売額は、2億1千万円です。5億円以上を売り上げるビジネス経営体は29法人もあります。

イ　株式会社が増加している

農業法人を形態別に見てみます。株式会社は、２００９年の１０３法人が、18年には４０３法人になり、全法人の中で50％を占めました。この９年間で約４倍です。最近は、農事組合法人や農協法の改正により、茶農協（茶の製造、販売の事業を専門に行う農協）が株式会社に組織変更したりするなど、法人形態として株式会社化の事例が目立ちます。

農地所有適格法人も増加傾向にあり、２０１２年の２５１が、17年には２９５法人に増加しています。法人形態では、農地所有適格法人の約半数は株式会社です。

経営している作目は、野菜生産が最も多く２６５法人（全体比34％）、次に茶２１２法人（26％）と、この２作目で６割を占めています。畜産関係は１０８法人（13％）です。

ウ　雇用で労働力を確保している

県の調べでは法人の社員やパートの雇用人数も年々増加しており、雇用人数の合計は２０１３年には４２１５人でしたが、４年後の17年には５０７３人。１法人当たりの雇用人数は６・４人となっています（17年の法人数７８８より試算）。

（2）法人化する目的をはっきり、そして仕組みを知ること

ア　法人化する動機は

このように今、静岡県内では農業法人が増加しています。農業の法人化の動機は、経営規模を拡大して経営をさらに発展したい▽従業員など雇用を確保したい▽節税をしたい▽後継者に円滑に引き継ぎたい▽信用力を持ちたい▽新たな事業（6次産業化等）に取り組みたい―など様々です。

さらに加えると、県などの関係機関から法人化を勧められて―という動機もあると聞きます。以前は、節税や規模拡大の動機が多かったのですが、最近は事業継承、雇用労力の確保のためが多くなっています。

イ　なぜ法人化を進めるのか、勧めるのか

農家自らが法人化を進める、または行政機関等が法人化を勧めるのはなぜでしょうか。それは、法人化によって、経営者の意識が農家から社長に変わり、家計と経営が分離し、農業経営の改善や発展が期待できるからです。

また、法人化することで、従業員に定期的に給料を支払うことができる、休日が確保で

きる、健康保険や厚生年金、雇用保険などの福利厚生面が充実するなど、他産業と同じような就業条件が整備され、従業員だけでなく配偶者や家族の働く意欲にも繋がり、魅力ある産業となります。

農業の経営環境が整い魅力ある産業となれば、若い従業員が入っています。

ウ　法人化した場合のメリットは何か

法人化の具体的なメリットは何でしょうか。そこには、経営上のメリットと制度上のメリットがあります。

①　経営上のメリット

経営管理能力の向上：経営者として経営責任に対する自覚を促すことで、コスト意識や効率性などの意識改革が期待できます。

対外信用力の向上：財務諸表の作成が義務付けられていることから、金融機関や取引先への信用力が増し、イメージ向上にもつながります。役員が変更しても法人格は変わらないことから信用力も変わりません。

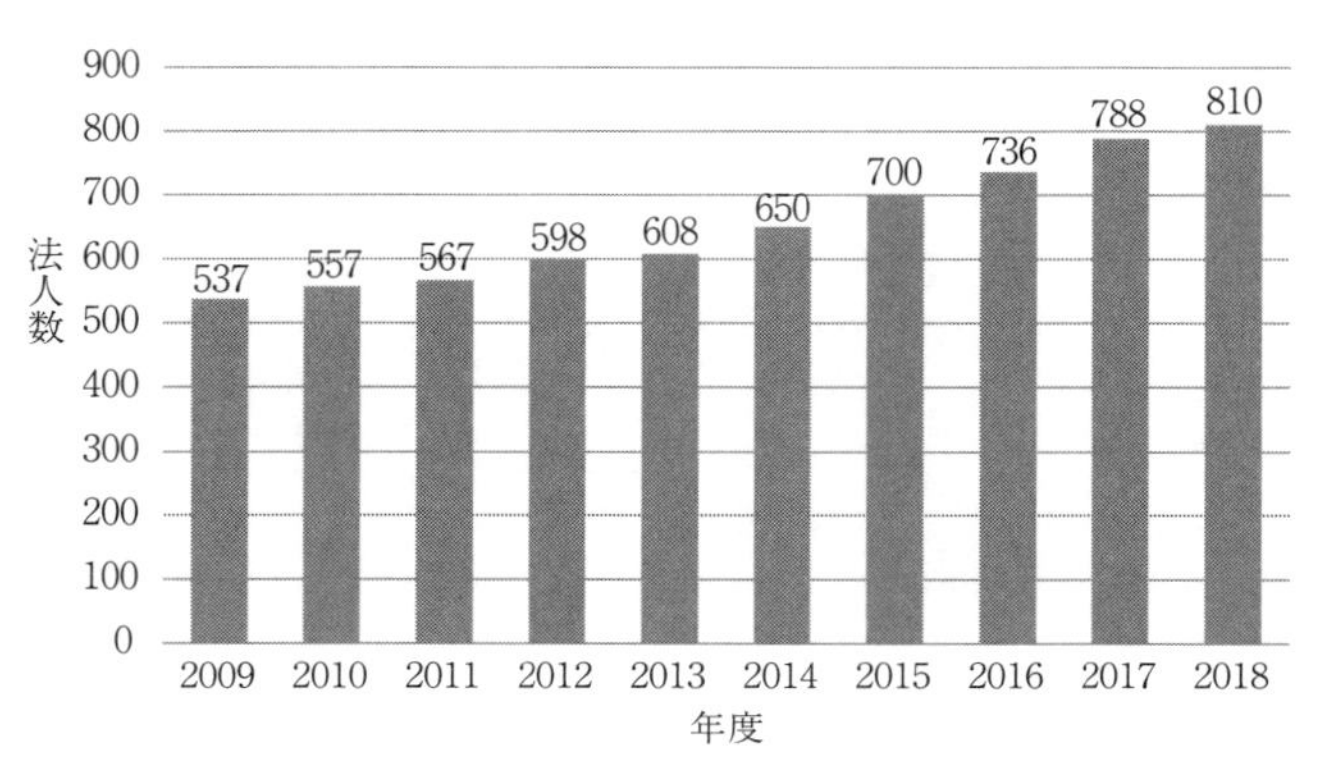

図 1-2-3　静岡県内の農業法人数の推移(県農業ビジネス課調べ)

人材の育成・確保：広く人材を募集し、確保することができることから、経営規模の拡大や経営の多角化、優秀な人材による経営の発展が期待できます。

事業・経営継承：農家経営の場合は、後継者が就農を望まなければ、経営を引き継げませんが、役員や社員の中から優秀な人材を選び、継承、発展していくことができます。現在の農地や施設、機械を次代に残すことができます。

福利厚生面の充実：健康保険や厚生年金、雇用保険などによる従業員の福利増進、就業規則、給与制、退職金制度などで就業条件が明確になります。

② 制度上のメリット

税制：法人化することで節税することができる場合があります。例えば所得分配による課税軽減、定率課税の法人税の適用、役員報酬の給与所得化、退職金等の損金算入、欠損金9年間繰越控除等のメリットがあります。

資金：農業経営基盤強化資金（スーパーL資金）、農業経営改善促進資金（スーパーS資金）の制度資金の貸し付け限度額が拡大します。例えば、スーパーL資金では、個人3億円が法人10億円となります。

③ 農業法人に期待されること

農業法人に期待されることは、一般的には、次の通りです。

優れた経営力や企画力、管理能力を持ち、さらなる発展が期待できる▽後継者や社員等に円滑に経営の継承ができる▽農地も法人として維持管理ができる▽ブランドの維持もできる▽対外信用力があり、資金の調達力がある▽社員の福利厚生面が充実し、労働力は雇用により確保できる―など。

企業が農業参入する場合には、地域農業にとって、次のような効果があるとされています。

遊休農地や耕作放棄地の解消・発生防止に繋がる▽地域で雇用の拡大に繋がる▽地域の

農業経営を法人化しよう

①法人の構成員を決める

家族、親せき、雇用者、地域の農業者など、法人に参加するメンバーを決める

②定款、事業計画、収支計画等を作成する

法人の名称は何にするか、役員は誰にするか、事業の目的は何か、何の事業を行うか、事業の内容をどうするか、何をどのくらい生産するか、どのように販売するか、どこに販売するか生産販売計画を立てる、収支予算を作る、資金はどのように調達するか、機械・施設はどう整備するか、農地はどう確保するかを決める

③登記などの手続きを行う

定款の認証（公証役場で認証してもらう）→出資金の払込（株式発行、出資金の額決定、払込）→役員の選任（取締等役員の選任）→設立総会→設立登記申請（法務局、所管官庁への届け出）

農業法人（株式会社）の設立

図 1-2-4　農業法人になるまでのステップ

農業生産の維持・拡大となる▽新技術や新作物の導入が進む▽企業の持つコスト管理や経営管理、製造ノウハウが活用される―など。ただ、企業は採算が取れないと撤退してしまうこともあります。

エ　法人になるための手続き

それでは、具体的に法人を設立するにはどうすればよいのでしょうか。

株式会社の場合、大きくは3段階に分けられます（図1－2－4）。

（3）法人化のための県の支援策を活用する

現在、農業の現場では高齢化が進み、農業就業人口が減少しています。今後、耕作できない農地、耕作放棄地、遊休農地が増加し、農産物の生産力、供給力の低下が懸念される中、静岡県では、農業生産を担う意欲ある新たな法人経営体の育成を進めています。

農業者には経営の改善や法人化、規模拡大、税務、労務、融資などの様々な経営課題があります。国の「農業経営者総合サポート事業」を活用して、静岡県内では初の「静岡県農業経営相談所」が農業振興公社に設置され、課題解決まで普及指導員が伴走して支援を行うとともに、税理士や中小企業診断士、社会保険労務士などの専門家を派遣して相談に的確に対応できる体制が整いました（図1－2－5）。

公社に相談所を設置することで、経営改善などによる人材、担い手の育成と、農地の集積、集約化とを連動して進めるメリットがあります。例えば、経営相談後の具体的な経営規模の拡大、コスト削減のための農地の集積・集約化には、公社の行う農地中間管理事業で支援できます。人材と農地の二つの事業を使い、県農業の発展を支援していきます。

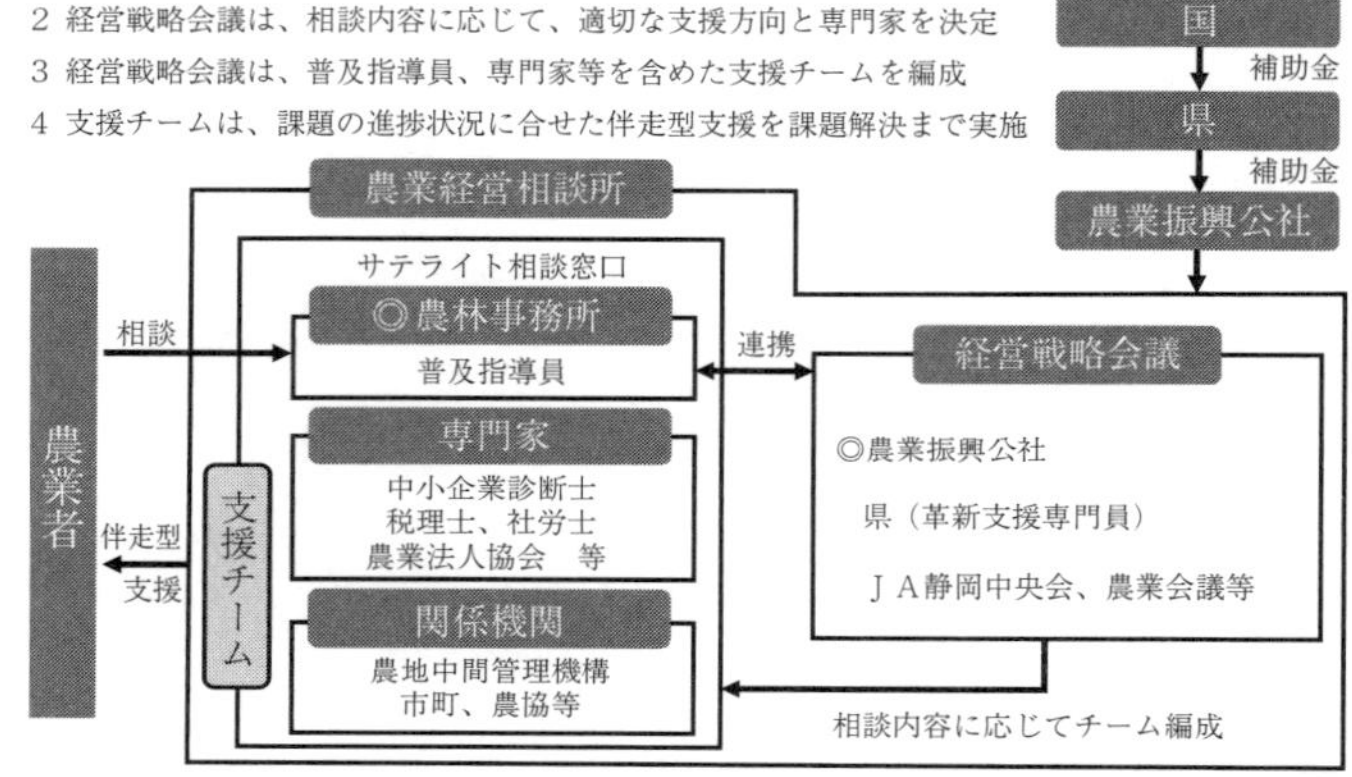

図 1-2-5　静岡県農業経営相談所の体制（静岡県農業戦略課資料より）

２０１７年度はモデル事業で取り組み、18年度から専門家派遣を本格的にスタートしたところです。相談所開設を契機に、経営の改善、農業の法人化の動きが県内に広がり、ビジネス経営体の育成を加速化していけると、期待しています。

3　静岡県の農業振興の取り組みを知って、活用しよう

(1) 農業を発展させる

ア　農業の発展に必要なもの

全国と同様に静岡県でも、農業就業人口、基幹的農業従事者は高齢化し、減少していきます。新規就農者を育成していくことが重要ですが、とても減少する農

業者数をカバーできません。農地を維持管理する仕組み、農業生産を維持する仕組みが求められます。今後は、農業の法人化、経営体の規模拡大などを進め、農地の維持、生産の維持・拡大につなげていかなければなりません。

そのためには、農業がビジネス、産業として成り立たなければなりません。農業生産の3要素の「人」「農地」「技術」とともに、「付加価値向上」に着目することが重要です。

イ 「人」「農地」「技術」「付加価値向上」とは

「人」とは担い手の育成です。これからの静岡県農業を担う人材の育成であり、自ら農業経営を始める人、法人等で働く人（就業者）など新規就農者の育成と確保、さらに認定農業者の育成、大規模な経営体の育成、農業経営の法人化、農業への企業参入を推進していかなくてはなりません。

「農地」は、意欲ある農業者への農地の集積、集約化と区画の拡大や用排水施設の整備などの基盤整備が課題です。ばらばらの農地を集約化して、農業生産の効率化を進めるとともに1区画を50アールや1ヘクタールにするため行政機関が中心となって、農地整備事業に取り組むべきです。

「技術」は新技術の開発、導入です。省力化、低コスト化、収量や品質の飛躍的向上を実現し、経営安定を図るために必要です。具体的には、冷房利用等による品質向上対策、栽培技術の改革、農薬散布不要になる天敵を使った防除、ドローン等の機械やロボットの導入、環境制御、遠隔操作、無人化などのＩＣＴ技術の開発や導入のほか、高品質、高価格、高収量が期待できるオリジナルな新品種の開発、導入など。

「付加価値向上」のためには、所得増加が期待できる高品質化やブランド化を進めるとともに、６次産業化や新商品の開発、さらに機能性を生かした商品開発、機能性向上の技術開発に力を入れていくべきでしょう。

（2）静岡県の農業振興方針はどのようなもの？

ア　これまでの方針

静岡県農業の振興、発展のため県は、農業振興の基本方針、経済産業ビジョンを策定しています。以前はほぼ10年ごとに、県農業の振興計画（ビジョン）を策定してきましたが、最近は4～5年間隔で更新されます。農業振興のために必要な政策は、前述の通り「人」「農地」「技術」であり、時代が変わっても基本的な考え方は同じです。特に、平成13年度（2

001）からのビジョンでは、県独自にビジネス経営体の育成を掲げ、それ以降、農業政策の要となっています。

1981年度～90年度は、大規模農家の育成を目指す「静岡県農業振興の基本方向」、1991年度～2000年度は先進的経営体の育成を目指す「産業発展ビジョン農林水産業編」を打ち出しました。このビジョンでは全国で初めて静岡県が農家でなく経営体という言葉を使っています。2001年度～10年度はビジネス経営体の育成を目指す「農林水産業新世紀ビジョン」、2011年度～17年度は、ビジネス経営体の育成と加工や直売などの新たな取り組みを目指す「経済産業ビジョン・農業農村編」を掲げています。

イ　2018年度からの新たな方針

2018年3月、県経済産業部が、今後5年間を期間とする「経済産業ビジョン2018～2021（農業・農村編）」を策定しました。目指すところは、次の通りです。

〈新たなビジョンの基本方向〉

基本方向1　AOI（アグリオープンイノベーション）プロジェクトの推進

基本方向2　多様な人々が活躍する世界水準の農芸品の生産力強化

（多彩な農芸品の生産拡大、次代を担う農業経営体の育成、農業の競争力強化と持続性を確保する基盤整備、市場と生産が結びついた「ふじのくにマーケティング戦略」の推進）

基本方向３　環境と調和し、人々を惹きつける都づくりと農山村の再生（「食」「茶」「花」の都づくり、美しく活力のある農山村の創造）

ビジョンでは、２０２１年の農業産出額目標を２４００億円とし、将来は３千億円、全国10位以内を掲げています。さらに、ビジネス経営体の産出額シェアを２０２１年に農業生産の約３割とし、将来的には過半を占める農業構造の確立をうたっています。

基本的には、新ビジョンもこれまでと同様、ビジネス経営体を核とした農業構造を構築し、力強い経営体が地域を巻き込みながら、生産を拡大し、農業を産業として発展させていくことを主眼としています。

成果指標を見ますと、２０１６年度のビジネス経営体の販売額８２１億円を21年度には１２００億円とし、今後5年間で約４００億円、毎年80億円の増加を企図しています。活動指標としては、２０１６年度の農業法人数７８８法人を、21年度には１千法人とすることとし、毎年約50経営体の増加を考えています。

また、農家後継者や独立就農、法人等就職者の新規農業就業者数の活動指標も示し、2021年度には1年間に340人の確保を目指しています。

ウ　実現するための主な取り組み

主な取り組みの一つである高度農業人材の育成と雇用対策では、次代の農業経営を担う人材育成の強化、コンサルティング手法等を取り入れたビジネス経営体等の支援を重点にしています。

具体的には、生産技術・経営ノウハウを習得する研修や就農計画の作成、資金支援による、非農家出身者の自立就農（ニューファーマー）の支援とともに、農家後継者の新分野進出を促進し、農業体験やマッチングを通じて、農業法人等への就職を促進し、雇用の安定確保を図るとしています。

ビジネス経営体を伴走支援する専任チームにより、コンサルティング活動を中心とした支援の強化、民間専門家の派遣により、法人化、経営継承、労務管理などの企業的経営管理手法やマーケティング手法、生産工程管理などの導入を支援し、また経営を学ぶ講座（経営戦略講座やアグリビジネス実践スクール、ふじのくにアグリカレッジ）により、経営計画の作成や計画の実行支援、経営幹部や後継者等の資質向上を図ることとしています。

4　県内のビジネス経営体事例

ビジネス経営体には、個別農家が法人化して発展したものや、企業が農業参入して発展したものがあります。その中で、これまで取り上げたり、実際に現場を視察したりした特徴的な経営を行う、売り上げ5千万円のビジネス経営体について、いくつか紹介します。中には1億円を超えるビジネス経営体もあります。

経営規模など数字等については、県や農林水産省の様々な調査事例などを参考にするとともに、経営体の講演発表や聞き取りで示された数字を記載しました。

①　株式会社やまま満寿多園（御前崎市）

～茶の生産、加工、販売の一貫経営、輸出拡大にも積極的～

以前は自園自製の茶農家であったが、1982年に法人化し、自販を行うようになった。生葉の生産から荒茶の加工、仕上げ茶の加工、販売まで一貫した経営に取り組むとともに、輸出に積極的に取り組んでいる。自社の茶園10ヘクタール、役員4人、従業員27人で、生葉を荒茶にする工場、さらに製茶する仕上げ茶工場、冷蔵庫などを持っている。また、系列農家20戸、45ヘクタールの茶園から生葉を受け入れる。このため、肥料や資材は一括で購入するなど、系列農家の茶園管理を統一的に行い品質管理を徹底、生産性向上を図っている。さらに、輸出の際の残留農薬基準に対応するため独自に病害虫防除体系を構築するほか、アメリカや日本の有機の認証を取得している。現在の輸出先はアメリカ、カナダ、ヨーロッパ、アジア、オーストラリアなど。２０１４年には27カ国、２７４トンの輸出となっている。

②　株式会社荒畑園（牧之原市）
～顧客への茶のＤＭ販売とともに、ブランド化、新商品開発に特化～

茶の生産、製造、販売までの一貫した経営で、消費者への直販、通信販売を主体にしている。以前は茶と養豚の複合経営であったが、１９８３年に法人化、茶の自園自製自販を開始した。販路の確保のため、自ら各地に出向き、徐々に販売先を拡大した。その後養豚業はやめ、茶専門となる。「茶の販売は生産ありき」と生産現場での品質管理を徹底している。茶園20ヘクタール、土づくりと冬の茶園管理を重視。契約農家が生産する茶の品質を一定に保つため、同じ肥料を使うなど生産指導も徹底している。多くの顧客リストを持ち、通信販売ではDM、カタログ製作を工夫している。県外への販売が9割。オリジナルブランド「大地の詩」、ダイエットプーアール茶「茶流痩々」のほか、新商品にも力を入れ、茶を使った菓子、茶そばなど様々な商品を開発している。

③ 株式会社鈴生（静岡市葵区）

～大規模に露地野菜を栽培する法人、各地に生産圃場、出荷場を整備～

本社がある静岡市をはじめ焼津市、藤枝市、菊川市、磐田市など県内7市で野菜を生産する経営体。栽培作物は枝豆、レタス、ミニ白菜などで、延べ栽培面積は100ヘクタールに及ぶ（自社20ヘクタール、その他協力生産者や生産グループ等80ヘクタール）。2008年に法人化し、正社員は15人。各地に農場と協力生産者等を持ち、企業との共同出資会社も立ち上げ、規模拡大を進めている。各地の支部長等を集めた勉強会も開催し、意見交換を行っている。大手外食チェーンや、スーパーなどに契約出荷している。兄弟3人の顔写真入りの「オレ達のえだ豆」の販売が注目された。生鮮農産物の生産販売を基本としているが、一部でむき枝豆やカット野菜なども製造している。また、新規就農を希望する研修生を受け入れ、研修後は独立就農者として協力関係を保っている。

④ 農事組合法人ジャパンベリー（藤枝市）

〜全国有数の大規模なイチゴの観光農園を展開し、経営安定〜

イチゴの生産、販売、そして観光農園を行う大規模な経営体。代表は、以前は中山間地域のお茶とレタスの農家であったが、地域の農家とともに、２００３年に４戸でイチゴの生産を行う法人を設立し、観光農園を経営する法人へと発展してきた。設立当時は、地域の農協を通じて市場へイチゴを出荷していたが、今は観光農園としてのイチゴ狩りのほか、量販店への販売、直売、さらに洋菓子店にも販売し、売り上げは安定している。ハウスでの養液による高設栽培で、現在の経営面積は２・３ヘクタール。イチゴ狩りの季節には、ツアーの観光バスが連なるという。直売所も新たに設置し、ジャムなどの加工品生産のほか、最近は、スムージーやかき氷も販売している。

⑤　**有限会社なかじま園（静岡市葵区）**

〜高品質なイチゴ生産と加工品開発、農園カフェの経営〜

　イチゴの生産、販売、加工品販売とともに、カフェの運営に取り組む経営体。イチゴ農家から、１９９６年に法人化。現在の経営規模はイチゴ85アール（品種は「きらぴ香」「あきひめ」が主体）、メロン20アール。イチゴはスーパーや百貨店のほか、直売所やインターネットでの販売、ジャムなど加工品の製造販売もしている。２０１１年に農園カフェを開設。社長の土づくりにこだわったおいしいイチゴと、専務である奥さんの実行力が、カフェの成功につながった。商品開発やデザインにもこだわっており、ロールケーキやパフェ、アイスモナカ、スムージー、イチゴ果肉のかき氷、しずおか新商品セレクション金賞の「いちごのしずく」など、季節ごとに様々なスイーツを提供している。夏場はメロン栽培も行い、スイーツに加工し販売している。

⑥　**株式会社サンファーマーズ（静岡市駿河区）**

〜「アメーラ」の生産技術・ブランドを管理、静岡と軽井沢で周年安定生産〜

　静岡県農業試験場の開発した技術を活用して、高糖度トマト「アメーラ」の栽培システムを確立。一元的な出荷管理とブランド管理等を行う会社として2005年に設立された。「アメーラ」の生産は農業法人、営農組合、グループ会社により、県内各地と長野県で周年の安定生産体制を整えている。関係する主要な法人等は㈲高橋水耕、㈲ハニーポニック、営農組合アメーラ倶楽部など。グループ会社にサンファーム軽井沢、サンファーム富士山、サンファーム朝霧、サンファーム富士小山がある。「アメーラ」以外に、高糖度ミニトマト「アメーラ・ルビンズ」「ルビンズゴールド」「ルビンズショコラ」も生産。全品糖度を厳格にチェックし、糖度基準（アメーラは冬春8度以上、夏秋7・4度以上、ルビンズは通年10度以上）に基づき、出荷する。出荷先は関東6割、関西3割で、アジアにも輸出している。販売額は17億円を超える。スペインにも生産拠点を整備し、ヨーロッパでの販路拡大を目指す。

⑦ 京丸園株式会社（浜松市南区）

～オリジナル野菜の生産と障がい者雇用により効率アップ～

施設野菜や露地野菜の生産、販売を行う農業法人で、法人設立は2004年。高付加価値商品として、オリジナルのミニサイズのブランド野菜「姫ちんげん」「姫みつば」

「姫ねぎ」などを生産し、JAを通じて全国に販売している。経営面積は水耕施設1・3ヘクタール、田0・7ヘクタール、畑0・5ヘクタール。健常者とともに、多くの障がい者を雇用し生産に取り組む。水耕栽培を行う水耕部、コメやサツマイモを生産する土耕部、障がい者が働く心耕部がある。従業員数は92人(役員4人、正社員10人、パート78人)。うち知的、身体、精神、発達などの障がい者が25人で27%を占める。障がい者を雇用することで、作業の分解など生産効率を上げる仕組みができた。また多くの女性が活躍している。ユニバーサル農業がビジネスとして成り立つ事例の一つで、農業、福祉、企業(特例子会社)の連携モデルでもある。

⑧ 株式会社青木養鶏場(富士宮市)

~大規模な養鶏場を持ち、直売所も開設し、鶏肉や加工品を販売~

鶏の飼育、鶏肉・鶏卵の販売と加工品の製造販売を行う養鶏経営体。1976年に法人を設立し、採卵鶏からブロイラーへ転換し、毎年規模拡大に取り組んできた。2008年には鶏肉や加工品販売のため、㈱チキンハウス青木養鶏場を設立し、焼き鳥やチキンハム、ローストチキン等の製造販売をしている。飼育は四つの農場(1・9

ヘクタール)、鶏舎34棟で、年間140万羽、鶏卵50万個を生産する。従業員は15人。自社ブランドは鶏肉「富士の鶏」(ふじのとり)のほか、平飼いで有精卵の「富士の卵」、「駿河シャモ」など、飼料は県内産の飼料米を使う。「富士の鶏」は、自社工場で手作業により解体処理し、その日のうちに発送、新鮮な鶏肉を提供している。市場出荷は6割で、残り4割は直営店やファーマーズマーケットで直売している。

⑨ 有限会社三和畜産(浜松市北区)

~豚肉、ハム・ソーセージの製造販売、直売所、レストラン経営~

養豚農家から、1979年に法人設立。養豚生産、加工品の生産販売に加え、二つのレストランを経営している。早くから、6次産業化に取り組み、自社加工場でハム・ソーセージの加工品を生産。89年に直売所「とんきい」を開店、2002年「ミートレストラン」を開店、さらに地元野菜を使った手作りバイキング料理の「農家のレストラン」を2005年に開店した。体験工房もある。現在、母豚130頭、年間2500頭を生産し、自社直売や自社レストランのほか、小売店やスーパー、外食産業に出荷している。高品質の豚肉ブランドは「ふじのくに浜名湖そだち」。最近は水田8

haで特別栽培米「細江まいひめ」や各種野菜の生産も行っている。従業員39人のうち27人が女性である。

⑩ 有限会社渡辺園芸（長泉町）

~クレマチスの苗生産日本一、オンリーワンの花の経営体~

以前は芝と大和芋の生産農家。シクラメンやハイビスカス等花き生産を始め、さらに自分で価格を決めて販売したいと、当時はニッチ市場だったクレマチスの専門経営に移行した。１９７９年に法人化。現在はクレマチスとクリスマスローズの苗の生産販売に特化し、クレマチスは全国の種苗の7~8割のシェアを占める。２０００年には、企画・営業販売強化のため㈱クレマコーポレーションを設立した。現在の経営面積は施設2・3ヘクタールで、クレマチスの苗40万本、クリスマスローズの苗30万本、８００種類を取り扱い、６００社と取引している。新品種の育成にも力を入れ、「駿河のクレマチス」の商標でブランド化。また、台湾、韓国、デンマーク等にも輸出している。知的財産を持った経営体、オンリーワンの経営、そして日本だけでなく世界に通用する企業を目指している。

⑪ **株式会社カクト・ロコ（浜松市北区）**

～サボテン・多肉植物の生産販売法人、従事者の８割以上が女性～

以前はナシやミカン、コメ、肥育牛の複合農家であったが、１９８９年にサボテン・多肉植物の生産に転換した。96年には売店を開設し、２００４年に株式会社を設立した。経営はサボテン・多肉植物とイチゴ苗の生産販売の２本柱。多肉植物４００品種、サボテン１００品種を生産する。現在まで12期連続の黒字経営である。農場は浜松に３・４ヘクタール、長野に１・０ヘクタールある。社員等の従事者は１０５人、うち女性が80人で、生産・販売等４部門の責任者もすべて女性。女性を主役とした雇用形態、働きやすい職場づくりが特徴の経営体である。花の市場、商社を通じて全国のホームセンターに販売するほか、直売所、インターネットでも扱う。

⑫ **遠州森鈴木農園株式会社（森町）**

～水田の３倍利用の経営、スイートコーン、レタス、コメを生産～

水田でスイートコーン、レタス、コメの年３作の輪作体系に取り組んでいる。以前はコメ、レタスの農家であったが、1987年にスイートコーンの栽培を始めた。当初、指導機関からは、そうした経営は難しいと忠告されたという。しかし、生産は軌道に乗り、水田の3倍活用を実践している。法人設立は2014年。現在の経営規模は水稲25ヘクタール、秋冬レタス9ヘクタール、スイートコーン14ヘクタール、柿3ヘクタール。スイートコーンは2～6月に種まき、6～9月収穫、水稲は4～6月に田植え、8～10月収穫、レタスは8月末～11月種まき、11～翌年4月収穫と、水田を3回利用し、労働力の分散にも繋げている。徹底した土づくりと土壌管理で高品質化を実現するとともに、効率的な作業、省力化・機械化も進めている。スイートコーンは暗いうちから収穫して直売している。購入者が朝早くから行列をつくっている。

⑬ 株式会社知久（浜松市西区）

～惣菜製造会社が農業参入し、自社で使う様々な野菜を生産～

浜松市を中心に惣菜や弁当などの製造、販売が本業だったが、安全でおいしい惣菜づくりを目指して2005年、浜松市の農業特区により県内で初めて、一般企業で農業に参入した。農地の借り受けや耕作放棄地の再生利用にかなり苦労したという。参入当初の規模は2ヘクタールであったが、その後農地法改正により企業が農地を借りやすくなったこともあり、現在は約20ヘクタールまで拡大し、露地栽培と施設栽培で野菜生産に取り組んでいる。ジャガイモ、ダイコン、レタス、ニンジンなど年間約40種類の野菜を生産し、自社工場で惣菜に加工、直営店などで販売している。農業従事者は15人。今後も規模拡大を目指す。

⑭ 有限会社コスモグリーン庭好（浜松市南区）

〜造園業者が農業参入、「うなぎいも」を生産し、産地ブランド化〜

浜松市で造園業を営み、業務で発生する雑草や剪定枝などを堆肥として製造、販売していたが、2010年地域の課題であった耕作放棄地の解消のため農業に参入した。ウナギの残渣を生かした堆肥を製造し、これをサツマイモ「うなぎいも」生産に繋げた。売り上げ拡大を目指してペースト加工などに取り組んだ。現在、「うなぎいも」はブランド化され、近隣の生産農家と協同組合を設立し増産を進めるとともに、ペーストは食品加工会社、菓子会社に販売し、様々な関連商品の製造・販売で連携している。1社の取り組みが、産地の形成に広がった。現在、アジアへの「うなぎいも」の輸出にも取り組んでいる。

⑮ **株式会社ハラダ製茶農園（島田市）**

〜製茶業が自ら茶を生産し、茶の生産、加工、販売の一貫体系確立を目指す〜

茶の生産地では、農家の高齢化や後継者不足、茶価低迷等により生産量低下が懸念されている。こうした中、製茶業のハラダ製茶㈱が、安定的な荒茶の確保、新商品の開発のために設立した。茶の生産・加工・販売の一貫体系の確立、農業と商工業の一体化を進めている。設立は２００８年、生産規模は自園地と契約農家園地も含め１７０ヘクタール。従業員は19名。製造した荒茶は親会社へ販売する。現在は茶のほか、コメ、露地野菜も生産。企業として事業計画、投資計画等を立て、進捗管理を行うことで、生産物の計画生産、品質の平準化、管理技術の体系化を可能にした。志太榛原地域だけでなく、他地域での茶の生産規模の拡大も進めている。

⑯ **株式会社おやさい（牧之原市）**

〜農業コンサル、資材の販売会社が、地域農業の課題解決に自ら野菜生産〜

農業コンサルティングや土壌診断、肥料等の卸販売を行う農芸環理株式会社が、地域の農家の後継者不足や収入低下などの課題に対応するため、2012年に設立し、自ら野菜生産に参入した。5ヘクタールの自社農地で、青ネギ等を生産しているほか、関連農家が生産する青ネギ、レタス、キャベツ、ホウレンソウ、枝豆、トマトなどを販売している。販路開拓が最重要と考え、販売には専属の担当者がいる。同じ栽培管理により野菜を出荷してもらう農家を増やすとともに、自ら規模拡大も進めている。従業員は社員11名、パート16名。研修生も受け入れ、新規就農者の育成にも取り組み始めている。

第3節　藤枝セレクション（元藤枝市産業振興部産業政策課 主査　稲葉　穎）

いきなりですが、京都のお土産と言ったらまず何を思い浮かべますか？　仙台は？　県内だと静岡、浜松は？　逆に商品名を挙げたら、どこのまちか分かりますか？「白い恋人」「信玄餅」「カステラ」と言ったら、すぐにどこの名産か言えますよね？　こういったまちと名産がリンクしてイメージできることは、効果的なシティープロモーションになって、まちのブランド力アップに繋がります。藤枝市にも代表的な一品を！という思いで「藤枝ブランド事業」を始めました。

事業の基本的な考え方は、地域の隠れた逸品、逸品になりうる商品を発掘して、ブラッシュアップや発信することによって事業者と一丸となって、ブランド力アップを図り、市を代表する名品に育てていくことです。そのスタートが「藤枝セレクション」であり、サッカーのまちにちなんでベスト11（イレブン）、11商品を選ぶことです。

２０１４年に藤枝セレクションの選定は3年間限定の事業としてスタートしました。選定や選定後の支援策等をよりスムーズに実施できるように、まず「藤枝ブランド推進委員会」を立ち上げました。静岡産業大学情報学部の堀川学部長を委員長に、委員には、地元の会議所・商工会・JA、民間のマーケティング専門家などが就任しました。また、その下に部会を設け、主に1次から6次までの産品の推薦や情報発信の役割を担います。さらに、選定に関して、地元スーパーのバイヤーや料理人らにメンバーに入ってもらい、特別審査部会による審査を行いました。

選定には、もちろんエントリー商品がなければ何も始まりません。最初はなかなか商品が集まらず、苦労しました。そこで、エントリーするすべての事業者にメリットがあるように事業の組み直しを考えました。まず、エントリー商品をより多くの人にPRするため、ホームページ、市内の公共施設、地元スーパー、商業施設、大学などで市民投票を実施しました。投票用紙には事業者へのメッセージ欄を設け、事業者に対する応援の言葉や、商品に対するイメージ、改善してほしい点などの情報を事業者にフィードバックします。また、市民投票期間中に駅周辺のイベントと連動して、エントリー事業者が直に市民に商品をPRできるイベントを企画しました。さらに特別審査部会で商品と審査員だけの審査方法を変え、エントリー事業者自らによるプレゼン方式にして積極的にメディア発信しました。その結果、多くの事業者から好評を得て、3年目には自然とエントリー商品が集まるようになりました。このようにしてベスト11が誕生するのですが、ここからがブランド化に向けた取り組みの本格的スタートです。主な支援としては、様々なＰＲイベントの出展支援、商談会の開催、市のホームページや広報誌への掲載、各種イベントの賞品、補助金制度を活用した商品のブラッシュアップなどを行っています。

２０１９年度から藤枝セレクションの選定を再開しました。今まで以上にエントリーするすべての商品にＰＲの場を作り、選ばれたベスト11に対し、さらに充実したサポートができるように様々な可能性を検討しています。事業者に「藤枝セレクションに選ばれたい」、消費者には「藤枝セレクションだから買った」と言われるように、全国に発信できる藤枝を代表する新たな逸品の誕生を目指します。

第4節　静岡県立農林大学校における農業ビジネス経営学（元静岡県立農林大学校技監・静岡県農林技術研究所長　岡あつし）

農林業の後継者・指導者養成機関である静岡県立農林大学校は、1900年（明治33）に当時の静岡県農事試験場が「見習生」として担い手養成を始めたことを起源とし、発足以来、幾多の変遷を経て、現在は磐田市の農林技術研究所と同じ敷地内にあります。

現在までの卒業生は9500人を超え、多くが静岡県農林業の担い手や技術者として活躍しています。静岡県農業法人協会会長を務める「京丸園」の鈴木厚志氏など、時代をリードする経営者を輩出しています。

現在の学科の構成は次の通りです。

中心となる2年制の「養成部」は、「園芸」「茶業」「果樹」「畜産」「林業」の5学科を有し、農林業の基礎から実践までの技術や知識の習得を目標としています。1学年の定員は100人で、うち「園芸学科」が60人。また他県の機関には少ない茶業、林業の学科を設置するなど、本県の農林業の特性や学生の志向を反映した学科構成・定数配分となっています。

磐田市の「本校」で2年間学ぶのは「園芸学科」のみで、他の学科の2年生は「分校」として位置付けられたそれぞれの専門分野の研究機関（茶業研究センター、果樹研究センター、畜産技術研究所、中小家畜研究センター、森林・林業研究センター）で主に各研究機関の研究員から学ぶシステムとなっています。

養成部卒業生などを対象とした2年制の「研究部」は、1999年に設置。農業法人の中核を担う人材や、企業的な経営を目指す人材の育成を目的とし、経営管理、マーケティングなどの科目とともに、模擬会社「株式会社アグリチャレンジ」を設立し、研究部学生が農産加工品の商品販売などの実践活動を通じて商品開発や経営管理を習得できるようになっています。

また「研修部」では既に農林業に従事している人や、新規に農業に参入しようとする人に対し技術や経営を学ぶ機会を提供しています。

定員は他県の大学校と比較しても多く、特に2018年度の養成部の入学者数103人は、全国一でした。

近年、農林家の子弟以外で農林業への従事を希望する若者も多く、養成部学生の非農家出身者は6割を超えています。また近年、女子も約3割を占めています。入学面接では、農林業への強い志向、明確な目標を感じることが多いです。行政が新規参入や経営の法人化を促している背景もあり、卒業生の進路は、２００８年ごろから農業法人が急増傾向にあります。17年度卒業生では40人を超え、自家農業への就農者数５人をはるかに上回っています。本県の新規就農者が毎年約３００人程度であることを考えると、まさに、時代のニーズに合った人材を送り出しているといえます。

このように、本県農業の担い手育成を役割としてきた農林大学校ですが、現在、「専門職大学、専門職短期大学」へと移行しようとしています。「専門職大学」は、今後の成長分野で実践的な専門職業人材を育てるため文部科学省が新たに創設した制度で、農林分野の第一号として認可を受けるべく18年秋に大学設置認可申請し、20年４月の開学を目指しています。文科省所管となるため、認可には、施設規模、教授陣、カリキュラムなど多くの基準をクリアしなければなりません。現在、申請に向けて計画、準備を急ピッチで進めています。

計画では、４年制の「農林環境専門職大学」と２年制の「農林環境専門職大学短期大学部」（いずれも仮称）を併設することとしており、前者は経営者として必要な幅広い学習を通じた「農林業経営のプロフェショナル」の育成を、後者は、実践的な生産技術を身に付けた「生産現場でのプロフェショナル」の育成を目指します。名称に「環境」が入っているのは、農村の景観や環境の保全などについても学び、地域を支える人材という意味合いが込められ、そのためのカリキュラムも組まれています。

この移行の機会を活かして、施設や教員などの教育環境を一層充実させ、生産現場で必要とされる人材が育成されるよう期待しています。

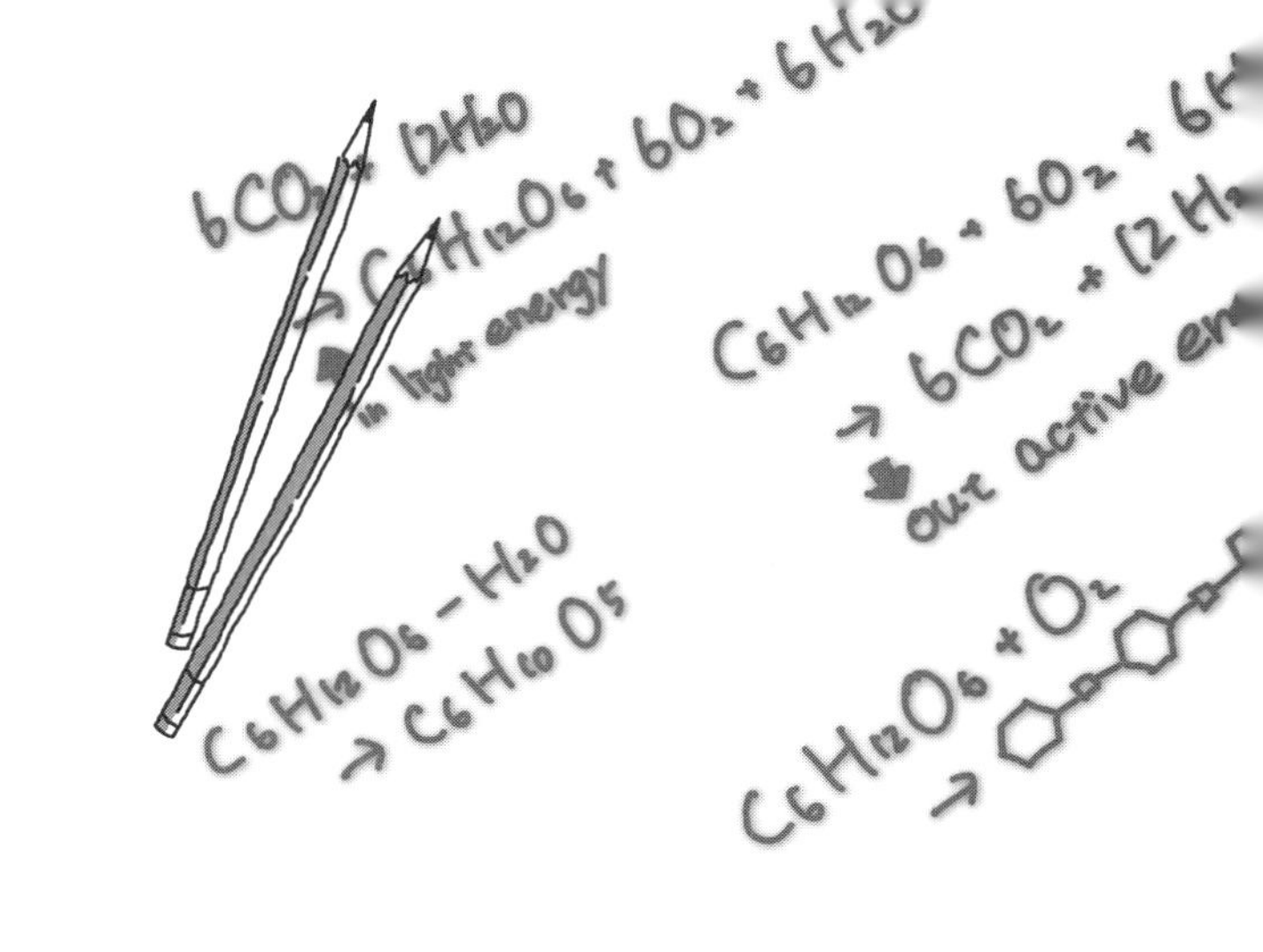

第 2 章

農業ビジネスの参考事例

第1節　大井川農協の農業革新の取り組みと地元スーパーの試み（谷和実）

農業ビジネスを志す人にとって、農業者を指導する立場にある農業協同組合（ＪＡ）と、農産物の消費者と直接接触している地元スーパーの取り組み、考え方は参考になるでしょう。静岡産業大学総合研究所は直接、関係者を訪問し経営方針や農産物の販売に対する姿勢等について、お話を伺ってみました。

はじめに、ＪＡ大井川の池谷薫組合長のお話です。池谷組合長は、農業協同組合（以下、農協）の使命は農業者の所得をいかに向上させるかにあり、そのためにはマーケティング能力を強化して農業のビジネス化を進めることが重要であると強く意識しておられました。以下に要約します。

池谷組合長インタビュー

1．農協の使命

農協ができる前は庭先売買といって、買い付け人が農家の庭先に来て生産物を買いたたいたのが普通でした。これに対し農協が共同出荷という形にして農家の所得向上に努めたのがスタートだったのです。ですから農協は農家に寄り添って所得向上のためなくてはならないと思われる存在にならなければなりません。

近頃、農協組織の経営、経理面からの改革がいわれていますが、農協本来の役目を果たすような改革は議論されていないのは残念です。農家のためにどんな事をすべきかをしっかり考え、実行していくことこそが農協改革なのです。

農協職員が農家の若い人に会いに行っても「爺さん農協が来たぞ」と言ってどこかへ消えてしまうような現実です。若い人にとっては、農協も営農している年配世代のもので、去年と同じような話に来ただけで何も教えてくれない。だから聞くこともないと受け止められているのかもしれません。

まず指導課や経営課の能力を強化して、農業者のためになることを実行していくことで、若い人たちにも農協の存在を再認識してもらえるようにしたいものです。

2．農業者の所得と後継者問題

農家の子弟の多くは大学に進学し都市で就労しています。家にいる子弟も多くは地元企業等に就労し、農業を継ぐ気持ちはあまりありません。農業による所得が低いことが要因です。

若い子弟に農業を継ぐ気持ちがないから、農業のための生産資産である農地が、単なる財産と受け止められています。これは本当に不幸なことです。農地は国民の食を確保する農業生産のための資産だからこそ農地法があるのです。

では若い人たちが農業に参入してくるためにはどのようなことが必要でしょうか。やはり一定の所得水準が確保できること。そして自分たちが生産した農産物が消費者から喜ばれ、相応の値段で買ってもらえること。そういう喜びがあれば若い子弟も農業を継承する気持ちになってくれるでしょう。要は農業をビジネス化することです。

後継者は子弟に限りません。農業をビジネスとして志す若者が出てくれば、彼ら、あるいは彼らのグループに農地を貸すことによって、農地は本来の生産のための資産として活かされ、農業は継続されていきます。

3. 農業のビジネス化

農業をビジネス化するには、去年やっていたことを今年もやればよいとしていては、うまくはいきません。まず、消費者はどういう農産物なら買ってくれる、喜んでくれるだろうかということを常に考えなければなりません。マーケティングが重要なんです。

コンビニの商品構成を見てみましょう。売れる物はどんどん増やすけれど、売れない物はどんどん片付けてしまう、そうして売れ筋をアピールして消費者をリードしてもいるのです。

4. 農協がマーケティングを先導

マーケティングで最初にやるべきことは市場調査です。でも市場調査を個々人で行うのは難しい。だから農協がこれを手伝うのです。

市場調査によって、消費者が求める作物は、同じトマトでもどういうものなら好まれて売りやすいのかという情報を農協が農家に提供し、その生産を提案し、その生産の仕方も指導をしていくことが必要です。

パッケージのデザイン等も大事なことです。そして何よりもその食品の健康への機能をうまく紹介して消費者の皆さんに理解されることが、作物の訴求力を高める上で大事なことです。

さらに、「家の光協会」（ＪＡグループの出版・文化団体）がクッキングフェスタなどのイベントで実践しているように、作物の食べ方や調理法も提案したらどうでしょう。本当のおいしさ、本当の味、そして食物の健康機能を引き出す食べ方を提案していくのです。本当こうして生産から食卓まで、農協は農家に寄り添っていく。その取り組みによって初めて、農協を経由して物が売れ、しかも消費者に喜ばれ、それ故に生産する喜びがあり、所得が確保され、農家に喜ばれ頼りにされる農協になるのではないでしょうか。

5．金芽米

現在考えている具体策の一つに「金芽米（きんめまい）」という米があります。昨今、生活習慣病予防のため糖質制限の必要性などが取り沙汰され、コメ離れが進んでいますが、金芽米は逆に予防効果が非常に高く、しかも育苗時に農薬を使わず温湯消毒をしたり、米ぬかを元肥にしたりする循環型の栽培で「安全・安心・健康」なコメです。シンガポールがまず導入するなど海外で先に評価され、今では11カ国で採用されています。ＪＡ大井川では管内全ての水田で金芽米を生産していくことを目指して、その普及に取り組んでいます。

コメの世界も今やブランド合戦です。魚沼のコシヒカリ、あきたこまちなど色々名前が付けられ商標登録されているものもあります。各地が競ってブランド米を市場に出しているわけですが、金賞を取った御殿場のコシヒカリにしても地域全体でのブランドにしていくような動きは乏しいように思います。ＪＡ大井川は、安全安心で生活習慣病防止の効果も高い金芽米を管内全体で生産し、この地域のブランドにしていきたいと考えているのです。

日本ではコメは新米、お茶は新茶と「新」のものがありがたがられますが、「新」ではなく「熟成」ということに目を向けても良いでしょう。ヨーロッパでは、リゾットのコメは日本では古々米といわれる10年くらい熟成させたコメが好まれるそうです。金芽米も熟成することでおいしくなります。熟成の仕方を勉強することも必要ですね。

6．有機てん茶

現在考えているもう一つの具体策が有機てん茶です。お茶は年間にＪＡ大井川管内で１００トン採れますが、そのうち50トンは売れ残ります。この50トン分を全て新茶でやる必要があるのでしょうか。オーガニック栽培を売り物にしながら、８月ごろまで寒冷紗をかけて渋みを抜き熟成させる。すると、非常に味の良いてん茶が採れ、今海外で好まれている抹茶の良質なものができます。

しかも、こうすることで摘採時期も販売期間も延ばすことができます。新茶が好まれるため現在の茶価は摘採の早い順で決まってしまい、摘採時期が遅い中山間地域は不利ですが、こうした状況を克服できます。

7．作物の計画的生産

金芽米と有機てん茶で見たように、これまでと同じやり方から脱して、目標を持った計画的な生産を行うことは大きな意味を持ちます。先に述べたマーケティングの結果を踏まえて、生産の年間計画を作るのも農協が指導したい点です。

8．JA大井川が果たす役割

これまで話してきたように、市場調査の結果やマーケティングのノウハウ、作物の作り方、おいしく健康にも役立つ調理法等について情報提供と指導を行い、生産から食卓まで農家に寄り添って、元々は家族経営だった農家がグループや法人組織で農地を生産の資産としていくことが大切です。新鮮で残留農薬等の心配もない農業生産に取り組み、おいしさと安全を消費者に喜ばれ信頼される物を作っていくことをリードして、農家の所得を年300万円から700万円くらいにまで向上させる役割を果たすことを目指します。

それができて初めて、農協は、農家のためになくてはならない存在になるでしょう。

では、野菜等農産物を仕入れ販売しているスーパーは、どんな点に留意して消費者の信頼を得て拡販しているのでしょうか。地元スーパー2社の取り組みを見ていきます。

A社のリポート

スーパーマーケットにおける青果部の位置付け

青果部門は、食品売り場の中でも店の入り口に配置されることが多く、「スーパーマーケットの店の顔」とよく言われます。

日常生活に必要不可欠な野菜・果物は買い物頻度が非常に高く、ほとんどのお客様がお買い求めになります。

そして、他の生鮮品と違い、春夏秋冬と季節商品が存在し、売り場の中で季節を演出し、旬を感じることができる部門です。

また、キャベツ・レタス・大根・キュウリ・トマトなどの青果物の中で、「主力野菜」と呼ばれる野菜は、フィルムなどで包装せず裸で販売することが多く、鮮度訴求されます。

店舗入り口で鮮度訴求することで、店全体の鮮度イメージが向上します。

どんな点に留意しているか

「お客様にいかに満足してお買い物」をしていただくかを考え、どんな食生活をし、どのような商品を求めているかを考えてなくてはなりません。消費者のニーズに合った商品作り・商品提案が必要だと思われます。

時代の流れとともに食のトレンドが変化し、売れる物は日々変わってゆく中で、常にアンテナを高く張り、より多くの情報を収集し、お客様に満足していただくために、売り場に反映しなくてはなりません。

・価格での訴求
チラシで安さを打ち出したり、スポット商品として通常価格より値下げを行い、訴求する。
・季節商品・旬の商品の販売
一年を通じ、その商品が一番おいしい季節、その時期にしかない商品を徹底して売り込む。
・メニュー提案
来店者の70％以上がその日の献立を決めずにお買い物をされる。
売り場作りで、食卓のイメージができるような工夫をする。
・関連販売の実施（便利性の訴求）
その商品に関連した料理用途に対して、近くに品揃えをする。
（例）苺にコンデンスミルク、鮪に生わさび等々
・産地直送商品（契約農家、鮮度と安心・安全の訴求）

市場流通商品と比較し、採れたて新鮮で鮮度がよく、一つ一つの味のブレがない。

・販売のルール化（鮮度訴求）

より良い状態でお客様に商品提供するために、自社独自の販売許容日を設け、商品の鮮度向上に努める。

・POP広告による訴求（情報の伝達）

青果物には果物を中心に、トマトなど味に違いが出やすい商品があるので、お客様の目により入りやすくするためにも糖度表示をし、販売意欲を高めるとともに、購入の目安にしていただく。

・商品作り（簡便性の訴求）

使い切りでの提案。高齢者・単身者など、必要量に応じた少量パックにも対応。

鮮度を保つために

青果物はほかの生鮮食品と違い、収穫後も「生きている」ということです。品質低下・鮮度劣化の要因としては①呼吸作用②蒸散作用③微生物の活動④酵素作用などがありますが、特にホウレンソウなどの葉物類は呼吸作用、蒸散作用が激

入荷したホウレンソウの品温を下げ、水分補給し、呼吸作用と蒸散作用を抑制します。

しく、抑制しなくてはいけません。

商品調達方法

　地元市場はもとより、全国各市場より購入をします。直接取引先は、契約農家（個人）・生産者組合・農業生産法人商品購入など。

　より良い商品をお客様に提供するため、「安心・安全・新鮮・おいしい」を「モットー」に、こだわりを持った生産者組合や農業法人と共に、取り組みさせていただいております。

生産者に対する評価・要望

・安定した出荷数量

市場購入

藤枝市場・焼津市場	（地方卸売販売）
静岡市場・浜松市場	（県内中央卸売市場）
豊洲市場・大田市場	（東京都卸売市場）

青果物冷蔵庫で、温度５℃～７℃、湿度90％～95％で管理し、売り場により良い状態で提供するために、ひと手間を加えます

物流の流れ（市場からの調達）

直接購入

物流の流れ（産直品）

A江店内のあかでみトマトの販売（ベルファーム株式会社から直接購入・販売）

（例）ベルファーム株式会社（菊川）

「あかでみトマト」
トマトは非常に病気や害虫に弱い作物でもあり、安定した出荷をするためにも病気の原因にもなる虫や菌をハウス内に持ち込まないよう、ハウス農場入退場時の衛生管理を徹底するなど、安心・安全・衛生面では細心の注意を払うとともに、GLOBAL GAPを取得するなど、国際規格に準拠した農業を目指す農業法人です

ベルファーム株式会社のハウス農場入退場時の衛生管理

ハウス入り口　エアー吹きかけ

ハウス内は上履き使用

入り口にて手洗い

ハウス入り口　エアーシャワー

ジェットタオル

消毒アルコール噴霧

ベルファーム株式会社の社内研修会
・GAP講習会・食品衛生・労働安全

商品や企業　良いイメージ・テーマ

エコ	安全・安心	持続的な サステーナブル
環境に優しい ○○○	人に優しい ○○○	クリーンな ○○○
コンプライアンス 法令遵守	リスク・ リスク管理	エシカル 倫理的な

Good　良い・適正な
Agricultural　農業の
Practices　実践・習慣

社会に求められる農業のスタイル

なぜ今GAPなのか
農業の近代化と
農業環境の変化

農作物は自然に大きく左右される特性がある中で、安定供給・契約数量が求められます。
・栽培履歴・トレーサビリティ
安心・安全を確保するためにも、農薬・肥料の使用状況など、流通業者にとって必要だと考えられます。
・出荷規格の均一化
品質・規格の均一化を図り、規格ごとの出荷が求められます。
・価格
仕入れ価格を抑えるためにも、経費の削減・コストの低減が求められる中で、通いのコンテナなどで資材をカットし、価格に反映することが求められます。
・味
大きくバラつきのない食味。

B社のリポート

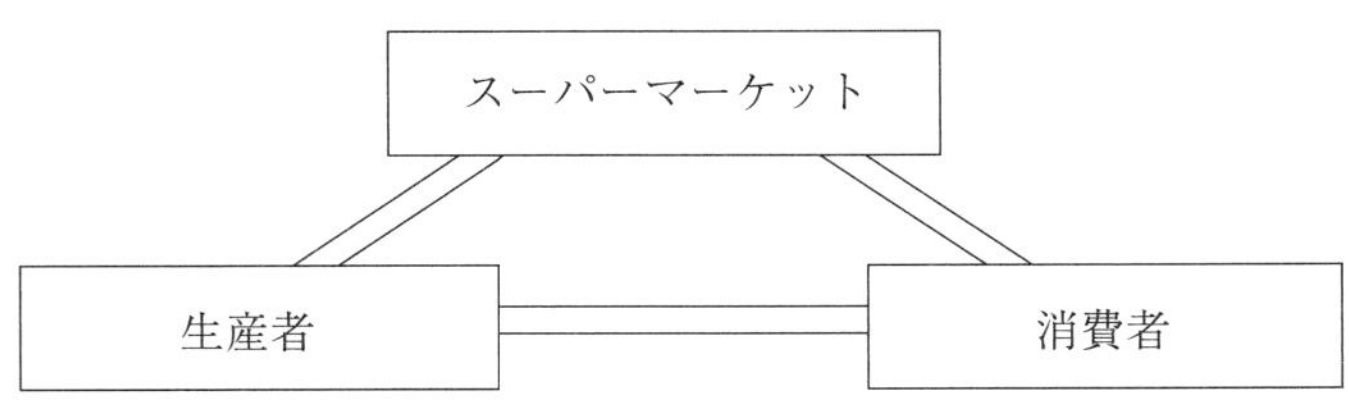

小売業者・生産者・消費者、３者が良い関係を保てる仕組み作りが必要だと考えられます。

スーパーマーケットの農産物の販売現場

どのような点に留意しているか

・品質、鮮度がお客様の求めている商品と一致しているかの確認。
・商品と価格（価値観）が一致しているかの確認。
・お客様が無駄にすることなく食べ切れる量目であるかの確認。
・日付管理の徹底により、劣化商品の撤去。
・異物、虫、産地、商品名等の確認。

どのような課題、問題が意識されるか

・高齢化、少子化による消費減退に合わせた商品づくり。
・安全、安心を第一に、農薬の散布回数や農薬縮尺の基準を管理、監督するに当たり、イーサポートリンク（民間の生鮮流通情報サービス）を活用し、個人個人の農作物の安全性を管理している。

・会員236名中に60歳以上の生産者は177名とこちらも高齢化が進む中で、やはり70歳を超える生産者の出荷量は毎年減少している。

・イーサポートリンクのサービスに対しては、インターネットからの登録となり、やはり高齢化が進む農家でパソコンを使いこなすことができずに、別料金を払ってイーサポートリンクに代行をやってもらう生産者も多い。

・温暖化や天候不順による出荷の減少で、欲しい物がない状況でお客様からの要望に応えられない時期がある。

・生産者が同じ農作物を生産することが多く、売り場に同じ商品だらけになることがある。

・小規模生産者から大規模生産者まで、幅広く会員がいるが、ある程度の担当店舗を決めているため、大規模生産者は生産量の3～5割程度しか出荷ができずに、市場やJA静岡市のファーマーズマーケットじまん市等に仕方なく出荷している。

・夏場は農作物が作りづらくなるため、高冷地の産直野菜での対応になる。

販売の工夫、特に鮮度を保つために

・以前は産地・氏名・商品名・価格を掲示して進めていたが、昨年3月より日付を添付させたことにより、鮮度・品質管理が楽になり、お客様も安心して商品の購入ができていると感じる。
・やはり野菜は鮮度と品質、果実は味を第一に考えて一番出荷と同時に必ず試食をして出荷の有無を確認している。
・売り場に出し切れない時は、部内の冷蔵庫に一度保管して売り場に余裕ができたと同時に陳列を行う。
・足の速い商品（トウモロコシやヤマモモ）などは、朝どりを生産者に勧めて、多少価格が高くても付加価値商品として販売できるように指導している。

消費者の目を引きつけるための工夫

・品種販売により「商品の特徴・味・最もおいしい食べ方」等ををＰＯＰでアピー

ルすることにより購買力につなげる。
・お客様によっては、生産者名で購入していることから「おいしい物、鮮度が抜群の物」の評価が定着している生産者をアピールする。
・地場野菜コーナーのカラーコントロールに意識をおき、生産者が陳列後に手直しを行う場合もある。
・年一回に静農会の感謝祭を実施し、豚汁の無料配布・お茶の試飲・餅まきなどのイベントを行い、新鮮な農作物の即売会を同時実施している。

商品調達について

商品購入に当たり、どのような事項を重視するか

・安心、安全、おいしさ、鮮度、品質の5項目を最優先に購入している。
・商品の特徴、特性に対しても競合他社には無い差別化商品として購入に当たっている。
・生産者のこだわりや熱意についても購入の動機となり、生産者自ら販売当初は消

費者にアピールすることで、購買率は上昇する（類の見える化）。

生産者をどのような点から評価するか

・間違いのない生産方法で安全性の確認ができる生産者に対しては、年に1～2回程の圃場視察で状況が分かる。
・お客様の要望（購入したい）に協力性が感じられる生産者。
・どのような農作物においても「向上心」がある生産者。
・生産者、販売元、消費者がすべて喜びを分かち合うことの意味が分かる生産者。

商品購入に際しての生産者側にはどのような課題、問題点があるか

・生産したはよいけど、売り先がないことがある。
・好天続きで他産地も豊作となり、全国相場の落ち込んで手間をかけても経費倒れで生産意欲が無くなるケース。
・天候不順や異常気象により販売してもらいたいが商品の供給ができない。
・大規模生産者でありながら、人件費をかけたくないため、販売側からの要望に応

えられない。

以上地元スーパーの経営方針や農産物販売に対する姿勢等を紹介しました。いずれのスーパーも食品の安全、鮮度等を重視しているのか、ご理解いただけたでしょうか。

第2節　藤枝市　富士農園の農業ビジネスの展開
～ビジネス化の苦心～（清水和義）

水稲グループ化の立ち上げから現状、苦労したこと、今後の課題などについて私自身の経験を紹介します。

私は、家業である農業を継ぐ3代目です。家族経営でトマト、キュウリ、水稲を主に生産しています。今から7年ほど前のこと、農協から「高齢化に伴い耕作放棄地が増加している現状がある。今後さらに耕作放棄地が増加することが予測される。そこで土地を荒らさないように維持管理を請け負ってもらえないか」と依頼がありました。近年高齢化、核家族化に伴って、農業の担い手が不足する現状があります。車を走らせれば、窓の外に広がる荒れ果てた畑が否応なく目に飛び込んできます。誰かが行わなければならないと思いながらも、本業であるトマト・キュウリの作業で手いっぱいだったこともあり、お断りしました。その後も何度か「何とか協力を」と依頼がありました。本当に私ができるのか不安ではあったのですが、農協が全面協力をしてくれるということで折り合いをつけ、グループ化に踏み出すことにしました。

この時点で具体的に農協に何をしてもらうのかは実際に始めてみなくては分からないこともあり、細かい点については特に決めていませんでした。

2011年1月グループ化の立ち上げを開始

グループのメンバーについては「この方たちでお願いしたい」と農協側が選出しました。そのメンバーと顔合わせをしたときはまだ何も決まっていない状態で、面識のない方もいました。その際、素直に私が思ったことは、「やはり本業がある。時間をどれだけかけられるのか」「知らない方もいる、コミュニケーションがうまく取れるのか」「メンバーとして来た方々の思いはどうなのか」「果たして同じ方向を向けるのか、グループとして成功するのか」など。とにかく不安ばかりだったのです。

当初集められた人数は8名でしたが、体力に自信がない、体調に不安があるという理由で2名が活動に参加しないことになり6名での始動となりました。

2011年8月グループ設立

まずは、今後どのように活動していくかを詰めるため、何度か会議を持つことにしました。話し合いを通じて「高齢化に伴う耕作放棄地を何とかしなくてはと」という思いが、それぞれ差はあるものの、多少なりともあることが分かりました。そして、受託作業を主とするなら、生産ベースに乗せられるかもしれないと感じました。この時、農協が「全面的に協力する」と言ってくれていたことによる安心感はありました。

グループの代表を依頼され、引き受けることになりました。私には、皆でやり始めること、とにかく平等にグループ内での温度差が無いようにしていきたいという思いがありました。作業については、知識技術のあるメンバーだったため指導、教育という時間の必要はない点がメリットでした。

活動の経過

士気を高めるため、最初に皆でグループ名を決めました。その名は「スカイアース」。天、太陽、台地、土、水の恵みという意味です。農業にとって一番大切なものに思いを込めました。

グループの業務内容は水稲に関わること全て。右も左も分からずに、取り掛かりました。

1～2年目の活動当初は多くが作業受託でした。3年目以降は、「作業代金が高い。土地は貸したい」という人が増えてきたため、作業受託から全面受託へと移行せざるを得なくなりました。当初、受託は一町歩（およそ1ヘクタール）程度。それでも販路に困り、協力を約束してくれていた農協を頼ることにしました。しかし、現実は買い取り価格が安く、債務の返済もあったため採算が取れず苦労しました。そこで自主流通、販路拡大で現状を打開しようと、営業に力を入れることにしました。併行して品評会、交易会にも積極的に参加しました。ただ、自主流通が確立するまでグループにとどまっていては信用の点で弱い面があります。営業となるといかに信頼してもらうかということが重要です。そこで、2013年9月1日株式会社スカイアースを設立することにしました。立ち上げにも労力を費やしましたが、会社設立以降は成果を挙げ、現在では11町歩まで作業面積が拡大し、ほぼ自主流通が確立できました。

そうした中、ある企業から「水稲は大変ではないか。サトイモを作ってみては」と話を頂きました。詳しく話を伺って決断し、サトイモの作業も開始しました。当初は予定収量の3分の2と不満足な結果でした。原因は技術不足に加えてメンバーがお互い人任せになって、作業がおろそかになってしまったことが考えられました。翌年は専従スタッフ1人を新たに入れたのですが、農業未経験者であったこと、専従任せとなってしまったため思うようにできませんでした。

以降、専従はサトイモのみとし、水稲に関してはグループのメンバーが分業して行うことにしました。今はメンバーが本業に支障がないよう取り組んでいます。

立ち上げから苦労しながらも、作業面積の拡大と、何とか販売経路の確立にまで至りましたが、現在もまた課題は山積みというのが正直なところです。グループとしての活動は難しく、様々な苦労があります。現状に至るまで感じたこと苦労についてさらに紹介したいと思います。

活動当初、私はメンバーへの作業の依頼は平等にしたいという思いがあり、それを心掛けました。しかし実際にはうまくいかないのです。作業を依頼すると「本業と重なる」「都合が悪い」「用事がある」「土日は休みたい」などの返事。作業してくれる人、協力してくれる人が決まってきてしまいました。任意団体ですから強制はできません。思いとは裏腹に、お互い気を使い、やれる人が行うというようになってしまいました。それでも数年は問題なくというか、不満の声は聞こえてきませんでした。ただ皆が我慢してくれていただけだったかもしれません。

しかしこの状態が続けば、不平不満が表面化してきます。「平等ではない」「グループで行っている意味がない」「やる気のない人は放っておいて、やる気のあるメンバーでやっていけばいい」という声が目立ち始めたのです。不平等が、やる気のあるメンバーのモチベーションの低下へと繋がってしまったのです。対策として講じたのは、作業範囲の分業でした。そうすることにより責任感が出てくると期待したのですが、それでもやはり人任せの人もいました。このままでは状態がさらに悪化する一方だと感じながらも、皆が納得できる対策は打ち出せず、数年は様子見でした。それも長く続くわけはなく、不満は募るばかり。いよいよグループとしてやっていけなくなる状況に陥りました。

性格上、私は回りくどく相手に物事を伝えるのが苦手です。正直に自分の思いを語れば相手に何か伝わるのではないか、何とかしなくてと思い定めました。あぜの草がひどいとクレームも出始めたこと、予定数量の収穫ができていないこと、作業時間が平等ではないという現状と結果…。そうしたことをそのままメンバーに話すことにしました。グループ全員を集め「手入れが行き届かないことで収穫量が減少し、クレームが出始めたことに関してどう思うか」と切り出したときは、口調もきつくなっていたと思います。しかし、返ってきたのは「やっている時間がない、本業がある」という言葉。私は内心「何を言っているのか、本業があることも忙しいことも分かっている。何とかそれでも時間を工面していかないといけないのは分かっていたことではないか。それを分かっていて承諾したのではないか」と思いました。話し合いは平行線で、状況は何も変わりませんでした。皆、他人事だと思っているようでした。私も投げ出したくなりましたし、ストレスも溜まりました。だからというわけではないのですが、今まで私が何とか個人で工面していたグループの借金返済にしても、皆で話し合うべきだと考えました。

グループ立ち上げのとき、数十万円ずつ6名が出資。農協からの助成金もあったのですがグループとしての借金はあります。借金は当然按分されるものですが、現実的に代表である私が工面していました。それはメンバーも知っていました。この先も私1人が背負う必要もありません。皆でどうにかするのが筋と考え、提起したのです。するとそこでやっと、少しでも作業できるときには行うという動きが出てきたのです。人を動かすこと、共感を得ることの難しさを改めて実感しました。人はやはり問題が自分に直接降りかかってこないと、真剣に捉えないのでしょう。そして、自分ごとに思ってもらえない原因は私自身にあったのかもしれない、と振り返ってみました。

立ち上げ当初は作業量も多くなかったため、私1人でもほぼ作業が済んでしまっていました。借金に関しても代表だから、自分が何とかしようと思ってしまいました。その結果、皆からすれば他人事になってしまったのかもしれません。グループとしての意識が低下してしまったのではと思います。私が代表として初めに行うべきだったのは、一人ひとりが社長であるという意識付けではなかったのか。最初の動機付け、意識付けによってグループの士気は随分変わっていたではないかと反省しました。今回、強制できない任意団体の難しさを身をもって感じました。最初から会社組織にしておけばまた違ったのかしれません。

また、最初に全面協力するといってくれた農協に少しがっかりした部分もあります。全面協力のはずが、担当者が代わってしまったこともあり、今ではほとんど関わりを持たなくなってしまっている状況です。逆に言えば、農協への怒りと悔しさをばねにしてここまでやってこられたのかもしれません。

今、やっとグループとして軌道に乗り始め、何とか皆の意識も変化し始めています。ここまで来るのには本当に苦労がありました。特にメンバーの考えの温度差を埋めることには難渋しました。

苦労しているうちに、何のために活動しているのか、何のメリットがあるのかと分からなくなってしまう時があります。依頼者からはクレームも入るのですが、時々は「畑の管理をしてくれて本当に助かる。ありがとう」と言ってくれる方がいます。そんな時は耕作放棄地を減らし、高齢者の方のための手助けしたいと始めた志を思い出せます。

迷ったり、心が折れそうになったりしたときはその原点に立ち返り、今後も地道にグループとしての活動を継続していけたらと考えています。

第3節　Food&Farm Ecosystemを目指して（株）エムスクラム・ラボ代表　加藤百合子）

Food & Farm Ecosystemを目指して

農業は食材を生み出す、無くてはならない産業です。そればかりではなく、田の保水機能、二酸化炭素（CO_2）吸収、障がい者の雇用やうつ病を軽減するという健康効果など、社会課題を解決する多くの機能を有しています。つまり、農業は×環境、×雇用、×医療とどのような社会機能・事業とも掛け算することができる素晴らしい産業であることを、現代社会は改めて再認識する必要があると感じます。そのため、分かりやすく『農業×ANY（何でも）＝Happy（社会課題解決）』は定理だと提唱してきました。結果、この方程式に共感した海外の企業と連携を開始し、また、農業に関する三つの改革、流通改革、生産改革、教育改革の事業が展開しやすくなりました。

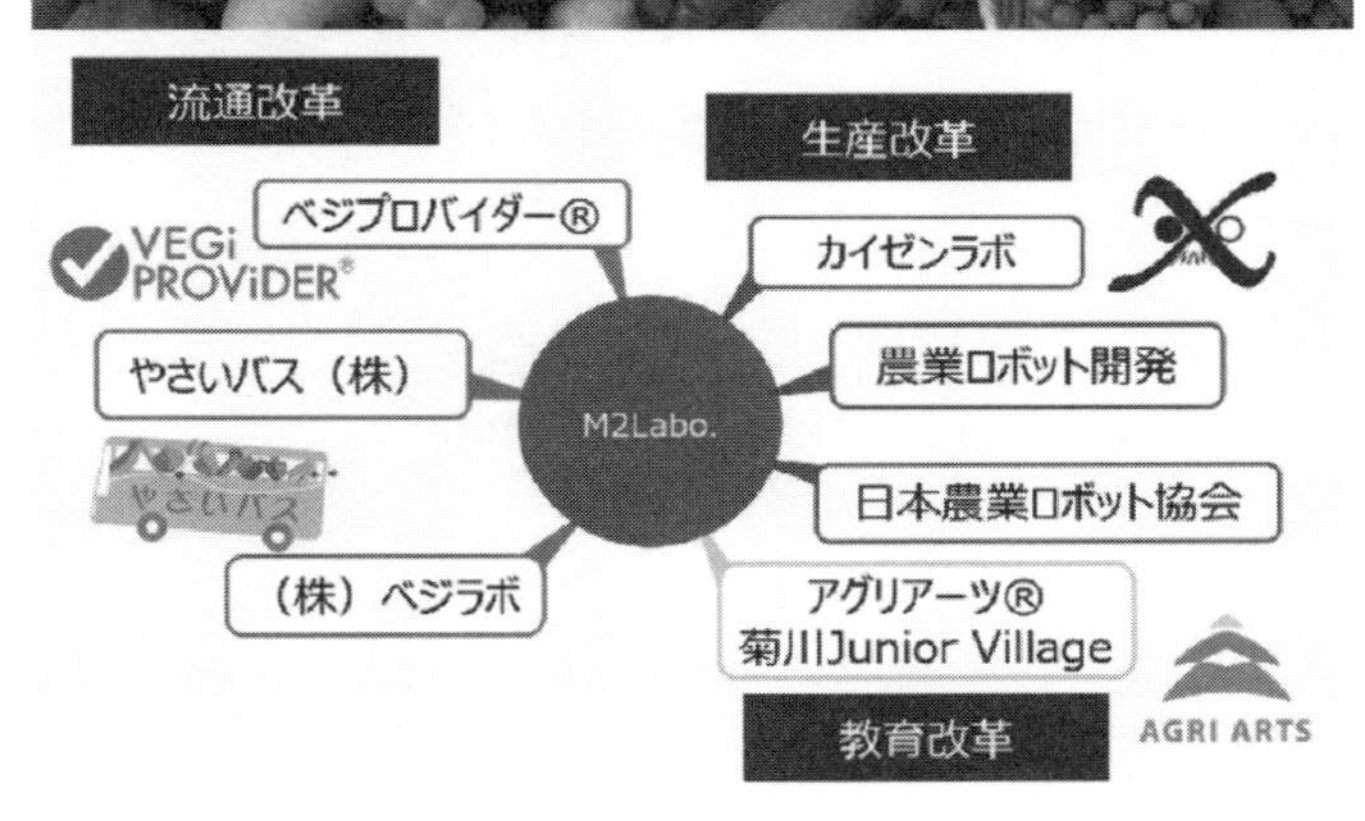

図 2-3-1　事業構成図

やはり流通から改革を

多くの農業者を取材した際に、最も困っていることとして挙げられたのは販路開拓でした。思うように売れない、思うような価格が付かない、買い手優位で買いたたかれてしまう等。第三者的な視点で要因をひもといていくと、日常品であるにも関わらずプロダクトアウト型で、需要が減退しているもの、売れるとなると一斉に生産して余る状況があります。また、作る人（農業者）と食べる人（一般消費者）の距離が遠く、うまく作る人も作れない人も、同じナス、同じキュウリ、同じレタスになってしまい、評価として返ってきません。これで

やさいバスガイドと生産者

は、頑張る気もうせてしまいます。逆に、食べる人も、誰がどう作り、どういう思いでという情報も得られないため、値段だけで評価することになり、さらなる青果の低価格を助長しています。結局、相互に見えない者同士が、命に関わる食べ物を〝お金〟という媒体でのみやり取りするだけになっており、信頼関係が構築できないことが需給のミスマッチを生んでいるようです。

そこで、情報と信頼関係を取り戻すため、つかう人＝レストランのシェフや食品加工の調達担当の方に生産現場へ来てもらい、相互の立場を理解し合った後に購買という段取りを踏む流通方法「ベジプロバイダー®」を始めました。当初は既存流通業者に相手にされず苦戦しまし

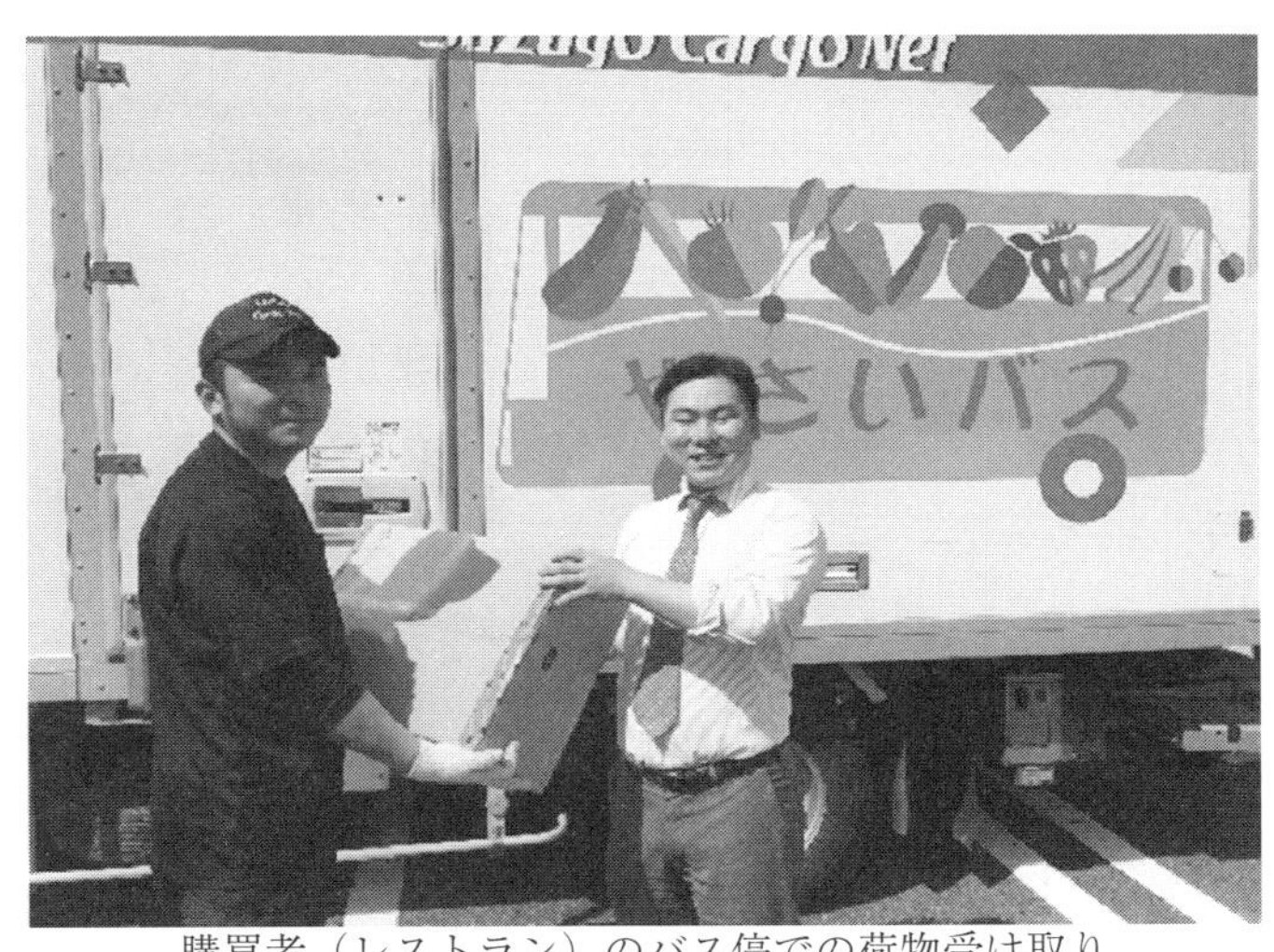

購買者（レストラン）のバス停での荷物受け取り

たが、結果として、つかう人側の売り上げが増加し、生産物の付加価値を高めることに成功しました。なぜ、つかう人の売り上げが増えるのか？一つは、つかう人がお客様にしっかり食材の説明ができ、会話が盛り上がることでリピーターを増やせたこと。商品説明ができないのに商売ができていたことの方が変なわけで、当たり前の話です。二つ目は、収穫後1日で届くため、鮮度が上がりおいしくなったこと。そして三つ目は、生産現場に出ることでメニューや商品開発の良案が生まれやすくなり、お客様を飽きさせないことが挙げられます。

これで、つくる人とつかう人を情報と信頼でうまくつなげることができましたが、昨今の人手不足や通販の増加で、物流コスト上昇の問題が膨らんできました。そこで、定期便かつ共同配送をする「やさいバス®」という事業を2017年3月に開始しました。静岡県中西部地域で、10カ所ほど停留所と称した集配所を設け、つくり手が出荷に、つかい手が受け取りにそれぞれ来るようになっています。宅配便を利用すると、箱当たり1200円かかる物流費が350円で届き、すでに10%程度のコスト削減に成功しているつくり手も出てきています。また、出荷したその日のうちに届けることができ、食材品質のさらなる向上に繋がっています。今後は、地域の食材を地域の人がより多く食し、そのたべる人がつくる人のお手伝いに行ったりするような、地域コミュニティ強化の仕組みに育てていきたいと思っています。

生産改革

農業者の平均年齢は67歳を超え、長年人手不足に喘ぎ、海外からの技術研修生の手を借りて何とか営んできました。しかし、いよいよ研修生に頼っているだけでは、安定供給できないほどの不足状況に陥っているのがここ数年です。その要因として、儲からないから後継ぎがいない、他産業へ人が取られてしまうことが表面的な問題として挙げられますが、そもそも、農業が自然に翻弄され、計画の立てられない産業だという認識に、根本的な問題があると考えています。

農業は食材を製造する、製造業である。ゆえに、世界と闘い蓄積された工業の製造業の知識やノウハウは、大いに適用でき、より安定した生産に繋げることができると考えています。現在の日本の農業は、土地生産性はそこそこ、品質はとても良く、低いのは労働生産性のみです。そこで生産改革では、労働生産性を向上させることを目的に活動しています。前職である産業用機械・ロボットの経験を生かし、経営分析・作業分析などによる現状の見える化とカイゼン策を提案しています。

例えば、葉物を栽培しているお父さんの農場と息子さんの経営体で、経営分析を実施しました。結果は、息子さんの方が反収が多いことを見える化でき、引き継ぎがスムーズになりました。その他にも、日本中のマーケットを見ながら、自社の出荷タイミングを分析し、１週間前に植えた方がいい等カイゼン策が立てられます。既に、１・２倍の収量を実現した産地もあります。

また、労働生産性向上といえばロボット、自動化技術です。２０１５年度に、農業ロボット元年と称し、農業のロボット化の推進や規格検討を行いました。上の写真は、農業ロボッ

第１回農業ロボットコンテスト展示

トのブースを国際ロボット展に出展した際のもので、無機質な産業用ロボットが並ぶ中、土のあるブースは非常に注目を集めました。

本活動から得られた結論は三つ。まず、流通から規格化する必要があること。次にロボットを開発する工業側から見ると、農業界があまりにもブラックボックスであるということ、三つ目は、農業者は農業経営者として、作業者から卒業する必要があるということ。

一つ目の流通の規格について、現状は国内市場間の狭い競争姿勢により、消費者も求めていないような複雑で、多様な独自規格が氾濫しています。例えば、あるリンゴの市場では、20等級に分類しているとのことですが、果たして見分けられる消費者がいるでしょうか。また、小売りが強いために、各小売業者の包装規格も多様で、製造ラインの自動化を妨げています。結果的に、期間労働者を多く必要とし、人手不足は一向に解消されません。

二つ目、どうブラックボックスかと言えば、どの品目のどのような作業にコストがかかるのか、同品目でも産地が異なれば作業体系が異なり、誰が何をいくらで買えるのか一向に見えてきません。以前、調査した結果では、例えば、トマトの収穫では労務費削減効果を自動化投資額と見立てた場合、1反当たり250万円ほどの自動化投資ができる結果が出ています。

三つ目については、農業者は農業経営者として、生育を見ながら最適なタイミングで各作業を委託等でマネージメントする体制が良いはずです。それには、まず業務分析を行い、作業分解する必要があります。そして、分解された作業を委託することで、コストと作業期間を確定できます。一方で、作業受託側は、複数農業者から委託を受けることで、雇用者の労働平準化もでき機械稼働率が上がります。

今はまだ、農作業こそ農業だと考える方が多く、この話をすると拒絶反応を示されます。また、地域間で、作業名や農産品名、同じ品目であっても生産体系が異なり、その多様性は経験によるものであるだけに、共通化できるか否かを検討する余地は多分にあります。

菊川ジュニアビレッジのハーブ栽培風景

まとめると、開発の際、非常に重要なのは生産戦略だけでなく、販売戦略です。生産戦略は、一人当たりの栽培面積をいかに増やせるか、販売戦略は、農業者が出荷の主導権をいかに手に入れるかを意味します。しっかり、業務分析を行い、ボトルネックの洗い出しや、ロボット導入前後での効果検証を行う必要があります。それらを踏まえ、ロボットの要件仕様を固めることができて初めて、現場に導入される売れるロボットになるのです。

農業×教育で教育改革

学校教育は知識を習得し、協調性を強化するにはとても良い場ですが、それだけで

菊川ジュニアビレッジのハーブ販売の様子

は、この不確実な世の中を生き抜けません。子供たちも早くから社会人としての自覚を持ち、地域課題に立ち向かって、地に足をつけた自立した人材に育つよう求められています。

一方、農業については生物や物理など基礎科学をベースにし、機械や土木など応用技術も学べる、大変教育効果の高い場であると捉えています。そこで、地域からイノベーター人材を創出する、農業を用いた人材育成プログラム「アグリアーツ®」を開発・実施しています。小中学生が自ら課題を見つけ、課題解決の仮説を立て、そしてチームで取り組みながらPDCAを回すというプロセスを踏んでいきます。静岡県菊川市では、お茶が思うように売れないという課題に対し、ハーブを生産し、ハーブティの商品企画・販売で、商品と菊川市を県内外に売り込んでいます。活動から1年半で、東京のオシャレなカフェでも採用になり、地域の茶農家も考え方が変わってきたように感じます。子供たちの社会人としての力は、とても強く、素晴らしい。そして、それを引き出したのは農業の力です。

日本の農業の可能性

当社が進める農業×ANYをもとに、その力強さを記述してきましたが、他にも農業×観光、農業×高齢者、農業×ITなど、社会課題を解決している事例は尽きません。日本の農業は、食材製造業として大量に、安定的に生産する体系を目指す「もの」農業と、製造以外の×ANYの社会的価値を提供する「こと」農業に、大きく二極化していくとみています。世界が「もの」農業へ傾倒する中で、「こと」農業は持続的で社会的に高い存在意義を残しています。だからこそ、国内で小さく競うのではなく、協調し合い、できる限り体系化することで、世界に向けて日本型農業の価値を表現すべきです。農業の持続性なくして日本も世界も成り立たない。農業を社会にしっかり組み込む日本型農業モデルを世

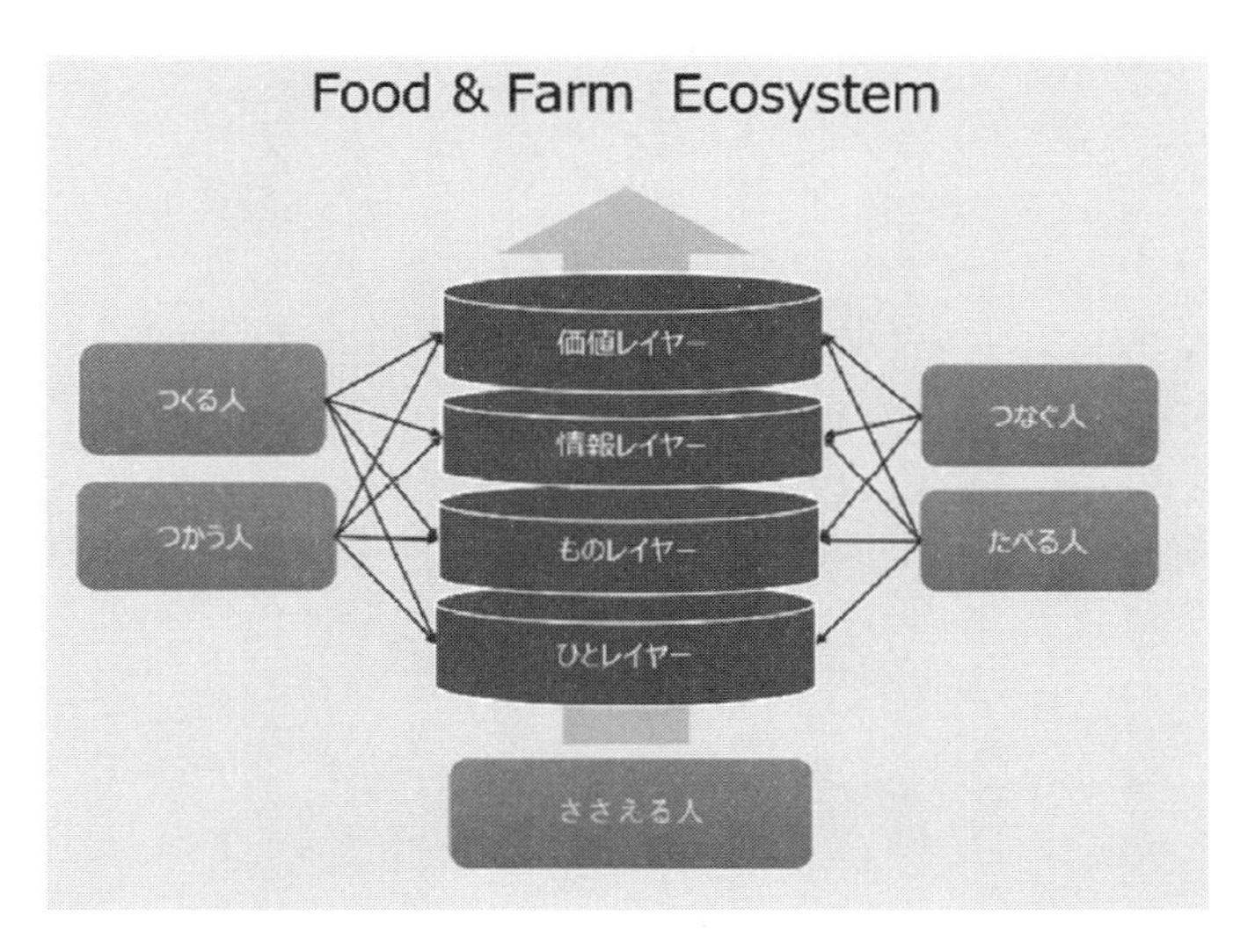

図 2-3-2　食と農業のエコシステムのレイヤー図

界へ示すことが、日本の役割でないかと考えています。

社会は、人、物、情報、価値のレイヤー（層、階層）から構成され、人がいて、物が動き、情報が流れ、価値が交換されています。各レイヤーが分断されがちだったこれまでの社会を、農業と農業から生み出される食ならば、もう一度、繋ぎ直すことができます。生きるために必要だからこそ可能です。国境も関係なく、各レイヤーをつなぎ、Happy を創出できる Food & Farm Ecosystem の構築を目指していきます。

第3章

農業の大化け

～そのカギは農業のビジネス化とマーケティング～

（大坪檀）

農業のビジネス化とはどういうことか。

農業は極めて重要な産業です。農業なしに人類は存在できません。筆者は農業はこれからもっとも重要かつ有望な成長産業の一つであると確信しています。日本を訪れた海外の学者仲間を連れてスーパーマーケットを案内すると、いつも驚嘆の言葉を耳にします。売場に並ぶ野菜や果物はまるで芸術作品だというのです。色、形、新鮮度、包装、並べ方、その味に触れて目を丸くし、誰が買うのか、値段は、いつでも手に入るのか―等々質問攻めに遭います。留学生と接していても同様のエピソードがあります。筆者の勤める大学には毎年、中国の著名大学厦門（アモイ）大学から20名近くが入学してきます。この留学生たちとの学生食堂での会話で帰国時のお土産が話題になります。人気アイテムの一つはお米です。こんなおいしいコメは中国で食べたことがない、両親に食べさせたいというのです。最近は健康食ブームで日本食と日本の食材が注目され、外国では人気が高まっているといわれています。中国をはじめ多くの国で経済的に豊かな人が誕生し、おいしく優良な日本の食材を求める人が増えています。現に日本の農産物、畜産物輸出は毎年増え、政府は２０１９年の農林水産物食品の輸出目標を1兆円とし、農業をこれからの成長産業に位置付けてい

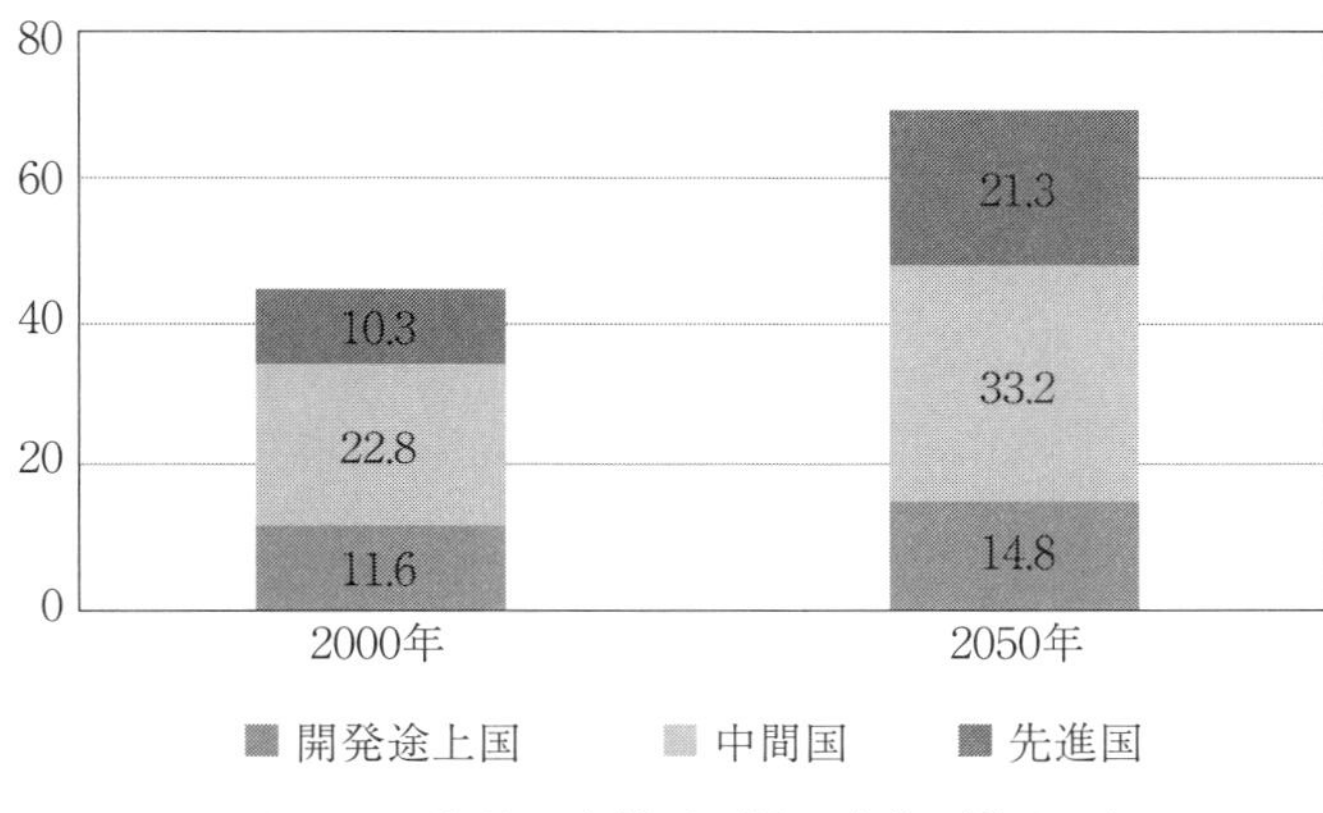

図 3-1　世界の食料需要量の変化（億トン）

（出所：2050年における世界の食料需要の見通し（農林水産省大臣官房食料安全保障課　2012年 6 月）

ます。新しいタイプの農業改革は既に始まっているのです。国内では人口減少と高齢化で、食料市場は縮小傾向にありますが、世界的に見れば需要は拡大の一途。欧米や、豊かになってきた新興国では、日本食や日本の食材に対する関心は際立ち、そこに農業ビジネスの大きな可能性があるのです。

農家の業から農業ビジネスに

今までの農業はほとんどの場合、ビジネスというには程遠く、農産物を作る業、農家の家業的な営みでした。農協は農産物を市場に送り出し、代金を農家に支払うのが一般的でした。農家は多くの点で国の手厚い保護を受けてきました。食料自給率を高める、国民の食生活を量的、質的に守ることが重要視され、農業従事者はそれに応えてきました。しかし国際的な点から見ればコスト面で競争力に欠けており、質、安全性はともかくとして、日本の消費者は割高の農産物を買わされていることは否めませんでした。

しかし、農業を取り巻く環境は今大きく変化しようとしています。

変化の一つは農業従事者が減っていることです。高齢化も進み後継者が不足し、農業をやめる人が出ています。このまま放っておいたら農業は衰退してしまうという強い危機感も生じています。農業従事者の減少で農業は廃れると考えがちですが、新しいチャンスと捉えることもできます。大規模化し、生産性を向上させるには好ましい環境ともいえるでしょう。一般的なビジネスの視点に立てば競争相手が減れば、新規企業の進出、参入がしやすくなります。時代に合わない伝統的な地域関係、しきたりを気にせずに新しい手法、新しい関係、新しいアイデアを導入するのも容易となるでしょう。

このような環境変化に注目し、農業ビジネスに関心を抱く異分野の人が出てきましたし、実際にサラリーマンを辞めて異分野から農業に進出する人も現れています。筆者が静岡大学農学部の大学院で農業のマーケティングの講義をしたときの学生には、社会経験を積んだ男性のほか、農業ビジネスに新たに進出しようとする志のある女性もいました。静岡産業大学の国際情報学部の卒業生の中には、脱サラして親のナシ園を継承、従来と違う角度から挑戦し、静岡県のナシ果実品評会で最高賞金賞を受賞した例もあります。農家の間にも、新しい従事者の参入を歓迎する向きもあり、少しずつ農業は開放型へ変化し始めています。これまで、農業への新規参入には障壁、規制があり、困難でした。農地所有には多くの規制があり、特に一般企業の農地取得は容易ではありませんでした。現在は規制が緩和され参入を促す援助も行われるようになり、県や市町村は若者を農業に呼び込もうと積極的な対策を打ち出しています。静岡県ではホームページを設け、農業ビジネス支援の取り組みを積極的に広報しています。

大きな変化の第二は技術革新です。農業機械が普及し農村の風景は一新しています。昔ながらの田植えや、稲刈りを見かけることは滅多にありません。装置化も進んでいます。ハウス農業は、コンピューター制御によって今や工場といえるでしょう。静岡県東部の「808」という会社は、水耕栽培でレタスを一日2万食分生産する能力があるといいます。ドローンなども登場し、農業で活用される時代が来ています。気象、土壌、種子、栽培などの分野で最新科学技術の応用が進み、今後の人工知能（ＡＩ）、ＩｏＴの利用も急速に進むことは間違いありません。集荷、加工、検査、保存、物流の分野でも技術革新が起きています。農業は技術によって進化し革新の新軌道に乗り始めているのです。農業の周辺で、ハードやソフトのビジネスも育っています。

第三は顧客の変化です。高級志向、グルメ志向、安全志向、健康志向、コンビニ志向など、日本人の食生活ニーズはどんどん変化しています。ただ食べるのではなく多様な価値観、生活スタイルが反映されるようになり、食育などという言葉も登場するようになりました。分かりやすい例はコメの消費量がここずっと減っていることです。夕食にご飯を食べない人が筆者の周りにもたくさんいます。購入の方法も激変し、今や八百屋さんは絶滅危惧種です。スーパー、コンビニで買う人もあれば協同組合の配達、さらには電話、インターネットでの購入・宅配の利用もあります。若い大学生の一日の食生活を観察してみると驚きます。朝飯はラーメン、昼飯は大学の学生食堂でカレーライスとポテトフライ、夕食はコンビニで肉マン、魚のフライとコロッケ、なんていう例もあります。スーパーを巡ってみても変化に気付きます。高級野菜がきれいに整理されている売り場があるかと思えば、地産地消で地場の野菜がそのまま陳列されている売り場もあります。農産物も冷凍化、乾燥化されているもの、加工されレトルトパックに入れられているもの、サラダ化されていてそのまま食卓で供されるようになっているものと様々。客層とそのニーズの変化に対応して、スーパーの売り方も品ぞろえも、激変しているのです。

さらに国際市場が登場、新しい顧客が出現しだしたのです。言ってみれば、食文化が違う新型の消費者に日本の農産物が売れる可能性が生まれたのです。

顧客の大きな変化は少子化、高齢化によっても起こり始めました。日本の人口は2050年に1億人と予測され、現在より2500万人減少します。すると、食料の量的な需要が減少します。農産物に対する量的需要は単純に今より5分の1減るでしょう。高齢化で食に対する量的、質的な変化も起こり始めているのです。

繰り返しますが、こういった大変化は農業にとって大チャンスです。単なる農産物の生産者から脱却し、ビジネスとして農業を捉えていくなら、農業は大化けするでしょう。新たなジャパニーズ・ドリームを実現する新しい場ともなるのです。

さて、農産物は一般的なものづくりとは違うのでしょうか。天候や、環境、栽培のノウハウなど色々な不安定条件があり、製造業とは同列に論じられないという意見がありますが、大きな視点で捉えてみれば、最終消費者の手に届くまでの過程は基本的には他ビジネスと同じ仕組みです。わざわざ農業の6次化と難しく考える必要はないと思います。農業ビジネスに従事する者が商工会や商工会議所の会員になることも何ら不自然なことではありません。掛川市にManagement Rich Club（マネージメント・リッチ・クラブ）と呼ばれる中小企業経営者の勉強会の組織があります。ここには既に、いちご園の経営者など農業ビジネスマンが参加しています。

農業ビジネスに必要な視点

ビジネスとして成り立つよう、仕事を進めてゆくには必要な要件を備えなくてはなりません。農業をビジネスとして捉え実践していくためには、地域で活動しているものづくり、例えば子供服や玩具、仏壇、家具などを作り売っているビジネスをじっくり観察してみてください。子供服と農産物は見た目では違いますが、基本的な仕組み、取り組み方、流れ、経営の要件は同じだと分かります。

第一は経営者としての心構えです。ビジネスには経営者と計画的な運営が不可欠です。年間、中期、5年、長期など期間を設けて経営計画を作成し達成目標を定めることが必要です。それには売り上げ目標、利益目標から経営理念、会社の役割、目的、活動分野、経営者の思い、ロマンのようなものも含みます。経営者としてなぜ自分は農業ビジネスに挑戦するのか考えてみることが大切です。事業趣意書や事業計画書を簡単でよいので自分の手で作成してみてください。

ＰＤＣＡを常に念頭に

ＰＤＣＡと呼ばれる、経営者が留意すべき原則があります。ＰはPlan（計画）のＰ、ＤはDo（実行）のＤ、ＣはCheck（チェック）のＣ、ＡはAction（再実行）のＡの頭文字です。経営とはこの四つの繰り返しだと説明する人もいます。計画を立て、実行し、計画通り進んでいるかチェックする、さらに必要な訂正、補正を行って、再実行する。ビジネスだけでなく学習、家事、人生生活のあらゆるところで無意識に繰り返されているサイクルかもしれません。ビジネスの効率的な展開にはＰＤＣＡの意図的な繰り返しが重要です。

第二は運営の組織化です。役割や仕事のルールを決め、会社化するといってもよい。会社は規模の大小、業態、業容を問わず組織的に運営されています。経営の仕組みを理解した経営者が存在し、組織を作り上げ、運営することが不可欠です。社長はその事業を代表し、５年計画、３年計画、年間計画など色々な計画を作成、決定します。事業活動の分野や内容、方向を決めたり、支払い、購入についても責任を持ちます。従業員を雇用して管理、製品やサービスの品質を保証し、供給責任も果たします。顧客に対応し、苦情処理にも当たるほか、必要な資金を調達し、必要な機械、設備、資材へ投資も行います。適正に経理会計を処理し、チェックした上で、納税義務も果たします。

これまでの農業者は経営者としての明確な意識、活動には欠けている人が大部分でした。一生懸命農作物を作り、農協に納めて代金を受け取るだけでは足りないのです。家業としての農業、生産者として従事してきた農業を改め、ビジネスに進化させるには、農産物を作ることはできるだけ人に任せて自分は経営者に徹することが求められることもあります。その覚悟、自覚が必要なのです。

農業ビジネスの経営者として体得しておくべき哲学、倫理、知識、技術は多々あります。まず、財務会計・経理の知識と人事管理の知識は不可欠です。初歩的な簿記、経理の知識、資金運営、財務、投資の考えなどぜひ学んでおくべきです。税理士や会計士に丸投げするとしても、基本的な知識を経営者が有しているかどうかが、ビジネスの成否を分けます。経営者自身で年度予算を立て、毎月その進行管理をすることも重要です。人事管理についても同じ。ビジネスを発展させるには人材を活用することが不可欠で、そのための仕組み、制度、法律など最低限の知識を習得することが求められます。

参考までに一般的な会社の組織は、おおよそ次のような活動で構成されています。農業をしてきた中で、自分の仕事にどのくらい次の活動が含まれているかチェックしてみてはいかがでしょうか。組織図のようなものを作成してみるのも一つの方法です。

総務・庶務　企画　人事・労務　調査・研究・開発　情報　監査
経理・会計・資金管理
営業・販売　マーケティング（顧客管理　広告・宣伝、プロモーション、価格管理
　販売管理　サービス計画）
購買・仕入れ
製造　技術開発・品質管理
出荷・保管

農業のビジネス化で大事なのは、農産物を作ることに徹し、後のことは他人任せにするといった従来のやり方（プロダクトアウトといいます）から脱することです。顧客は誰なのか、誰にしたいのかをまず明確にして、何をいつまでに、どのくらい売り上げ、利益を上げるのか。そのために色々な人材をどう活用し、組織的に運営、展開していくか考えることから始めなければなりません。このような顧客志向の経営者の視点「マーケットイン」

の発想が求められます。

コラム

一つの参考ケース。大企業や行政のトップ幹部社員の年収は1千万円。自分も農業でその位の収入を10年以内に達成したいと考えた山本さん。今の家業では年収300万。それもコメと、若干の野菜の売り上げだけ。全部農協に納め、肥料代、農機具の購入費、諸経費を差し引くと、手元に残るお金は60万円。生活費は兼業の町役場での給与収入でまかなっている。そこで年収1千万の農業ビジネスにするにはどうしたらよいか考えました。もっとコメを作る↓耕作放棄の農地を借りる▽野菜を作る↓どんな野菜をどのくらい作るか↓栽培法、技術の知識はあるのか▽農産物はどこで、誰に、どのようにして売るのか▽農産物を作ったり、事業を展開するのに人手を借りる必要があるのか↓どんな人手を必要とするのか、人手はどこで探すのか▽1年間に必要な資金は↓農協あるいは信金から借りる、または自己資金▽経費はいくらか↓経理は誰が見るのか、誰に相談したらよいのか、行政の支援はあるのか―。これに一つ一つ答えを出していくことが、ビジネスを新展開する上で必要なアプローチとなります。

表3-1　企業家の発想

1	顧客志向　顧客あっての商売、会社
2	変化はチャンス　情報意識
3	伝統、常識、しきたり、しがらみ　無視
4	未来志向
5	売り物を持つ　ユニーク
6	ロマン　目標設定型
7	合理主義的　利潤　ROI
8	展望
9	人間性志向　ニーズ志向
10	積極的、楽観的、挑戦的

一寸考えてみる　後継者難の解決法

どんな企業でも、後継者に悩むのはそのビジネスに収益力がない、給与が低い、未来が厳しい、ということにも大きな原因があります。農業も同じです。いくら働いても収入が低い、仕事はきつい、未来が見えない、夢がないとなれば後継者は出てきません。年収1千万円、金融資産1億円という水準も。農業ビジネスでも十分可能です。

親は子供に苦労させたくないからと他の仕事に就くように勧めますが、農業ビジネスが楽しい、意義がある、収入が高いとなったらどうでしょう。農業ビジネスを魅力的なものにする。これが大化けのカギです。高収益の事業には跡目争いが起きるくらいです。

第三はビジネスの法人化です。法人化でビジネスの組織的な行動を具体化できます。法人化の要件は法律的に定められています。株式会社は一般的で、農業の場合も株式会社化することが可能です。農業法人と呼ばれる組織もあります。宗教法人、学校法人、医療法人、財団法人など色々な組織、団体が法人化され、それ以外は個人経営や任意団体と呼ばれています。法人化によって、ビジネス活動の存在が公式に認知され、行政や金融機関や取引先との関係がスムーズになります。静岡県では農業振興策の一つとして農業ビジネスの法人化を推進し、組織化して活動する農業法人をビジネス経営体と呼んでいます。県の農業出荷額は年２９３９億円のうち23・８％がビジネス経営体によるものです。ビジネス経営体の数は、平成26年度で３８１、販売規模5億円以上が24もあるのです。農業従事者の雇用も始まり、この方式で農業ビジネスに参入する例も出始め、５千万円から1億円の販売収入のある経営体も１８４に上ります。ビジネス経営体の農業ビジネス活動（直販、加工、観光農園など）の売り上げ総額は平成25年で８０１億円と勢いを増し、静岡県の今後の農業ビジネスの主流となるかもしれません。

多くの大企業が元を正せば中小零細企業でした。パナソニックもホンダもブリヂストンも然り。農業ビジネスも同じことで飛躍の可能性を秘めています。繰り返しますが農業もものづくりです。特殊ではありません。ビジネスとして成長するのです。今その時期が到来したといえます。

顧客ファーストの農業ビジネスへ

農業のビジネス化で、その領域は広がります。農産物の栽培から加工、製品化へ。さらに、インターネットを利用した直販、あるいは販売店の直営も始まり、観光農園やカフェ、パン屋、惣菜店を営むことまで道は広がります。栽培方法などいわゆる技術サービス事業などを手掛けることもできます。

こうした取り組みは、日本でなくても外国でも展開可能なのです。

そうした中で、農業ビジネスの発展、存続の上で不可欠なものは顧客の存在です。前述した通り農産物は人間が生きていくのに不可欠です。店先に並べておけば何も努力せずに売れた時代がありました。戦後、食料不足の時代には農家まで買い出しに出かける姿がありました。そのような時代が再来しないとは断定できませんが、作れば売れる農業はもはや望めないでしょう。農産物に対する消費者のニーズ、欲求は激変。農産物も多品種、多様化し、食料品の入手は極めて容易になり、家まで届けるシステムが整いました。いくら高品質で、良い製品のものを作ってもそれだけでは売れません。製造業や販売業では常識で、顧客志向を強く意識するようになっています。その品がいくら優れたもの、技術的、品質的に優れていても売れないことが分かってきたのです。作れば売れた時代から売れるものを作る時代になったともいえます。農業ビジネスも同じことが始まったのです。

ビジネスは提供するモノやサービスを買ってくれる顧客がいて、マーケットがあってこそ存在する。顧客がいなくなり、モノやサービスを買ってくれなければビジネスは立ち行かなくなって商店街ならば、シャッター通りが出現します。なぜそうなるのか。理由は色々ですが、要はお客さんが来なくなった、売り上げが伸びないから。さらに言うなら顧客が買いたいものを売っていないから、顧客の目線で商売をしていないからでしょう。

こうした環境の大変化の下、新しいビジネスの考え方、アプローチが生まれました。マーケティングという概念で学問となっています。

どうしたら売れるのか

モノやサービスはなぜ売れるのか。この仕組みの解明は１９２０年代の大恐慌以来アメリカで続けられてきました。産業革命が進展し大量生産でモノ余りの時代にいち早く突入し、物を売るため仕組みを追求するマーケティングと呼ばれる学問ができたのです。日本に登場したのは戦後です。その商品を買うか、買わないか、それは顧客が決めること。その商品、サービスが自分の気に入らなければ他の物を選ぶ、他の物を買うということになります。物やサービスがなぜ売れるのか、売れるためにはどうすることが必要なのか、様々な視点、角度から追求されマーケティングという概念が普及したのです。

マーケティングという言葉に対応する日本語はありません。フランスでも、ドイツでも英語のマーケティングをそのまま使っています。

そのマーケティングの考え方、アプローチがこれからの農業ビジネスの大化けに必要不可欠なのです。これをベースにすれば農業に革命的な変化をもたらします。今までのように生産者の都合で良いと思うものを作って売る（プロダクトアウト）ではなく、マーケティングをベースとして顧客が欲しいもの、満足するもの（顧客のニーズ、欲求）を満たすものやサービスを提供する、売る（マーケットイン）という考え方が基本になります。「売りたいものを懸命に売り込む」から、「顧客の買いたいものを買いたくなるようにする」ように転換します。マーケティングの基本は価格競争ではありません。非価格競争が主軸であり、顧客に満足感、価格相応の価値を提供することがベースとなります。価格競争をよしとせず、自社の商品、サービスの独自性、特性（差別化）を前面に出し、自社製品、サービスの独自の価値を向上し、存在価値の認識を高め、品質の保証、顧客との良好な関係維持につながるブランドを構築していきます。ブランドは非価格競争を推進する重要な手段です。単に地域名、産地表示、品種名ではなく、ビジネス経営体が主体的に、排他的に自分の権利、武器、財産として所有し、それを広め、守り、存在感を高めていくのがブランドで、提供する商品、サービスを保証する意思表明ともいえます。農業の分野でよく口にされる産地ブランド、地域ブランドは、ビジネスの視点からいえば本来のブランドを意味しません。

一寸考えてみる

①生産者がおいしいと考える、専門家が進める味、品評会で褒められる味は、本当にターゲットとする顧客が求めている味、おいしい味だろうか。メーカー自慢の品質、売り物、これらは本当にターゲットとする顧客が必要とするものなのか。それで売れているのですか。

②農業はサービスと関係があると考える人がいます。サービスとは何か無料でもの

を提供する（〝これサービスしておきます〟という言葉をよく耳にしますね）という意味ではありません。情報の提供（例えば料理法の紹介パンフレット）、便益の提供（ショッピングカートや包装袋、駐車場、配達制度など）で、ビジネス活動を容易にし、顧客を魅了する促進剤とすることでもあります。

マーケティング志向の核となるものは需要創造です。顧客の潜在的な欲求やニーズを察知し、需要を喚起することです。例えば、こんな食べ方があります、こんな機能性があります―などと顧客のニーズや欲求に訴え、提案することです。

新製品の開発にはこの発想があります。バレンタインデーは、チョコレートを贈るイベントとして定着していますが、これは日本独自の需要喚起、需要創造により誕生し、その結果、チョコレートの市場が拡大しました。ほかにも、ヨーグルト、サラダ、すき焼き、牛丼、てんぷらなど身近な食品、食生活の多くは創造されたものです。農業ビジネスにはこのような需要喚起の可能性にあふれています。新しい食文化、食生活の提案には、新しい保存技術、加工技術、運搬技術、情報技術、栽培技術など周辺で起きているいわゆる技術革新が大きな役割を果たします。ただ、やり方を誤ったり、慎重さを欠けばリスクも生じます。

マーケティングでは顧客の生活、価値観、行動、生活意識、生活様式などを様々な角度、視点から研究、理解する必要があります。農産物の扱いはいわゆる生活文化と深く関係しています。市場調査、顧客調査などをマーケティングでは重要視していますし、不可欠なものです。マーケティングは調査に始まり、調査で終わるといわれるくらいです。ネット全盛の今日に、ビッグデータと呼ばれる、顧客や市場の情報の〝宝の山〟があります。そして容易に入手できます。マーケティング志向のビジネスでは、顧客のことをよく知ることが基本です。勘や経験も必要ですが、データに基づく合理的な計画作成、行動、判断、改善がさらに重要で、データを踏まえたビジネスは常識となっています。

マーケティングと競争

マーケティング活動では競争が当たり前です。顧客には選択の自由があり、自分を満足させる条件で、気に入ったものを購入するのです。競争はできるだけ価格競争を避け、非価格競争で勝つことを中心に展開されます。

非価格戦略の代表的なものが差別化といわれるものです。自分のところの商品、サービスは競争相手のものとは違うことを意図的に示し、それにより相手より有利な立場に立ち、顧客に自分のところを選んでもらう誘引行為です。そこでは機能、デザイン、便利性、味、快適性、第一印象、イメージ、鮮度、感触、安全、見た感じ、美しさ、供給力、価格など色々な魅力をアピールします。うちの商品、サービスの売りはこれだ、とよくビジネスマンが口にするそのウリです。

農業ビジネスでも戦略を組み立てる際、考慮しなくてはなりません。さらに、競争は激化、変化することに常に留意しておくことが必要です。競争に打ち勝つためには、自分の競争力をよく分析し備える必要があります。自分の強み、競争相手の弱みの分析もしてみることを勧めます。自分の商品力の強み（例えば味、鮮度、機能性、特性、供給力、コスト、融通性、資金力、情報力、人材、認知度、技術力、物流、保存、栽培技術、信頼度、イメージなど）を多面的に分析調査しておくことが肝要です。自分の弱点や問題点も把握し改善を心掛ける、あるいは競争を回避するなどの対策も求められます。

ビジネスにはリスクがつきものです。経営とはリスク対応力だという人もいます。どんなリスクがあるかリスト化することも有効です。保険を掛けることによりリスクの回避、軽減も可能です。安全、衛生関連はもとより、地震災害、自動車事故、天候、天災、取引先の倒産、支払い、代金回収、コンピューター障害、知的所有権の問題などビジネスに伴うリスクは様々。特に農業ビジネスでは風評、評判などのリスクもチェックして備えておく必要があります。経営者として健康もリスクになります。農業分野で起こるイノベーションもリスクになります。

考え方によってはリスクが大きければ利益も大きいともいえます。ローリスク、ローリターンという人もいれば、利益はリスク代償であるという人もいます。

マーケティングはまず4Pから

マーケティングの考え方をビジネスで展開する場合に考慮すべき基本要素を次に挙げてみたいと思います。それはマーケティングの4Pと呼ばれているものです。物はなぜ売れるか、売れるようにするにはどうするか。この4Pで考えると分かりやすくなります。

第一のPは製品（売る対象物、サービスも含む）を指す英語のプロダクト（product）の頭文字P。即ちPに当たるものは顧客志向、顧客のニーズ、欲求をベースとして作られていることを前提としています。農産物でいえばコメ、大豆、野菜、花、果物などで、味、鮮度、見た目、機能性、料理のしやすさなど顧客が購入するときの視点、好み、欲求、ニーズを反映したものということになります。好み、欲求、ニーズは顧客によって違います。農業ビジネスでも誰が顧客なのか、どのような顧客を目標としているのかを常に考えることが重要です。

第二のPは価格、プライス（price）の頭文字です。消費者が購入できる、購入したくなる値段を指し生産原価ではありません。安くても、高くても売れません。値段をどう決めるかは顧客の価値判断によります。高級な果物、例えばメロンの値段も顧客がそのような価値を認めるから売れるのです。顧客は色々です。高額を気にしない美食家、値段より品質や安全・安心第一主義の顧客もおり、値ごろ感が購入するかしないかを決める要素になります。価格は生産、経営の合理化や、物流の革新、情報化の推進によって大幅に下げることが可能です。買ってみたくなる値段で企画し、新価格を設定し市場を作ろうという原価企画という考えが最近登場しています。農業ビジネスでは新技術、新手法の導入の余地が大きく、このようなアプローチを検討することができるでしょう。

値ごろ感という言葉があります。顧客がその商品の価値と、自分の購買力から見て、競争品との比較で、購入に値する値段だと感じ取り受け入れる値段のことです。マーケティングではこの値ごろ感を重視します。値段設定についても研究されており、心理的価格と呼ばれるものもあります。

第三はプロモーション（promotion）の頭文字Ｐ。促進する、勧めるということで、広告、宣伝、販売促進活動がこれに当たります。物が売れるためにはまず知ってもらうこと、顧客に認知されることが非常に重要で、そのために巨額が投じられます。日本全体で広告活動に支出されている金額はＧＤＰの約１％で防衛費とほぼ同額と推定されるほど。企業は長期的、短期的な視点に立ち、色々なメディアを活用し多面的に広告宣伝をしているのです。知ってもらうためには、時間と費用、様々な工夫が必要です。誰に、何を、知ってもらいたいかを考えることはそう簡単でありません。顧客が何を知りたいのか、顧客の立場に立ったメッセージ作りも重要です。プロモーション活動は新聞、ＴＶ、ラジオ、雑誌、チラシなどの伝統的な広告媒体だけでなく携帯、インターネット、ソーシャルメディアなど次々と登場する新型のメディアも視野に入れなくてはなりません。プロモーション活動は非常に大きな変化を遂げています。同時にこの新型メディアは農業ビジネス促進の上で、大きな力となっています。自ら顧客を開拓し、顧客と直接対話し、直接顧客のニーズ、欲求に応じて農産物の生産、販売を手掛けている人が増えています。通信販売やインターネット販売は珍しくなくなり、農業ビジネスを立ち上げる段階からホームページを開設し、顧客を囲い込み、計画的なビジネスで高い収益を挙げる農家も増えています。

ネーミング、ブランド、イメージ、そしてデザインもプロモーションと深く関係しています。伝達しやすい、記憶されやすい、購買欲求を刺激するネーミングを工夫し、ブランド、ブランドメッセージの発信といかに結び付けていくかは重要です。農業のビジネス化には、自己のブランド作りを考える必要があります。地域ブランドのさらに先へと踏み込み、商品やサービスの品質を保証し、他社との差別化を図る、自己の顧客との関係を深め、顧客満足度を高める──。成功例の一つは、伊藤園の「お～いお茶」です。他にも身近にどんな参考事例があるか、考えてみてください。

第四のPは流通。プレイス（place）のPから取っています。意味は場所。販売したり展示したり、顧客と接触する場所です。主に店舗ですが、物流も含まれます。売る場所がなければ売る活動は始まらない。でも無店舗のビジネスもあるのではという指摘があるかもしれません。確かにそうですが、物を保管したり、出荷したりするいわゆる拠点となる場所はあるのです。急成長している通信販売、インターネット販売が典型例です。マーケティングでは生産と顧客・消費者をどう結び付け、商品の交換を促進するかというテーマがあります。インターネットの出現はこの仕組みに革命的な変化を及ぼしています。消費者が欲しいものを自分でインターネットで探し出し、価格、サービス、デザインを比較し、購入を決めることが一般化しています。さらにソーシャルメディアを駆使してお互いの情報を評価、交換することもごく普通に行われる時代です。情報がやり取りされる空間もやはりこのＰ（場所）なのです。顧客が時に販売者以上の情報を持ち、交渉力さえ備えるようになったことに留意する必要があります。顧客と販売者との地理的な距離もネットの世界ではあまり意味を持ちません。世界は小さくなった、市場は目の前にあるといってもよいのです。アメリカマーケティング協会の機関紙は世界は小さくなったと報じ、マーケター（マーケティング戦略の立案者）の活動方法、視点の進化と変化を呼び掛けています。

製造業では当たり前のジャストインタイムの考え方に農業ビジネスも対応を迫られています。顧客に必要なときに必要なだけ届ける、できるだけ在庫は持たないという方式がコンビニやスーパーマーケットでは浸透していることに留意する必要があります。供給体制、保存方法、鮮度管理、物流手段などについて十分な検討と計画的な行動が求められるのは言うまでもありません。取引先によって流通の仕組み、流儀は異なり、また変化、進化しています。

農産物の流通ですぐ頭に浮かぶPには無店舗、朝市、スーパー、八百屋、コンビニなどですが、それらに当てはまらないPも出現しています。先日昼食で訪れたレストランではメニューに使われていた食材の野菜を外で売っているのです。街角でコメや、ラーメン、うどん、ハンバーグなど加工食品が自動販売機で売られているのを目にしますが、その自動販売機もPなのです。地元の野菜を売るドラッグストアも軽トラの巡回販売も然りです。

売っている場所、入手方法を知らせる広告活動も課題になります。対面販売となると従業員の接客能力や商品知識、サービスが問われ、店舗なら立地の良しあし、造り、レイアウト、駐車場を十分検討する必要があります。その場合も顧客本位を忘れてはいけません。

新しい流通革命

戦後、日本では大量生産、大量販売の時代を迎え、各種の大型店舗が出現しました。スーパーマーケットやショッピングセンター、ショッピングモールが各地にでき、流通革命という言葉がもてはやされました。流通業者によるメーカーからの直接仕入れが盛んになり、問屋無用論も唱えられました。そして今、新たな流通革命が進行しようとしています。それはデジタル革命とも呼ばれるものかもしれません。消費者がインターネットを通じて購入した商品は宅配により届けられ、売り場に足を運ぶことはなくなります。さらに、売り場そのものの無人化も現実味を帯びてきました。中国では無人のコンビニが出現、そこではロボットが対応し、支払いも電子マネーです。アメリカでは近年ショッピングモールの減少傾向がみられます。流通の変革の波はこれからの農業ビジネスに大きく影響するのは間違いありません。同時に、変革は大きな商機でもあるのです。

農産物を栽培し売ることを中心とする農業ビジネスの場合も、展開方式をよく見極める必要があります。顧客は誰か、どのような形で取引するのか、消費者に直結して売るのか、あるいはインターネット、無店舗、自営販売店で販売するのか—。取引先によってはｅコマース（電子商取引）を導入しているところもあるでしょう。異なる支払い方法、納入方法の対応力も求められます。地域の特性も十分考慮する必要があります。販売促進の説明のところでも触れましたが、顧客と直接触れ合いながら、農産品の利用法、新しい食べ方、自社製品の特色などを説明し、需要を自らの手で喚起することもできます。

農業ビジネスに挑むには顧客の購買動向を観察し、消費行動の変化を知るよう心掛ける必要があります。キャッシュレスが一般化しつつあり、レジなしの店舗も計画されています。コンビニやスーパー、ショッピングモール、デパートへも定期的に足を運び、市場の変化、マーケティングの実際を現場で体得しなければなりません。

知っておきたいマーケティング用語

〈メディア〉　媒体すなわち広告を掲載できるもの。TV、ラジオ、新聞、雑誌中心だが最近はインターネット、スマートフォンの果たす役割が大きい。チラシ、年賀はがき、看板、人間も媒体となる。

〈ポジショニング〉　位置付け。マーケットでどのような位置に自分の活動を置くかを考える。競争条件をベースに差別化、自己の強み、独自性を発揮し、自己の競争位置を確保する。

〈サプライチェーン〉　原材料、部品の調達から商品、サービスが最終顧客までに到達する流れ、過程。関係する企業、物流も含まれる。

〈ターゲット〉　目標、狙い、顧客、市場のこと。顧客を具体的に把握することが強調される。

〈エリアマーケティング〉　マーケティング地域を狙い定めた活動で、地域の顧客、市場環境、競争条件、ビジネス慣習、生活文化などを把握して活動する。地域の捉え方でマーケットの大きさ、活動の仕方は変わる。企業の地域戦略とも呼ばれることがある。
〈メディア・ミックス〉 色々な広告媒体を組み合わせ、最低のコストで最大の効果を上げるためのメディアの選択行為。
〈セグメンテーション〉 要素別に細分化すること。顧客を所得、年代層などの属性・特性で細分、分類しマーケティング活動を具体化する活動。マーケットを地理的、顧客別、製品別などの要件で細分化、分類化しマーケティング活動の具体化、綿密化を図る。
〈チャンネル〉 流通チャンネルのこと、商品、サービスが顧客の手に届くまでの流れ。
〈B－to－C〉 消費者（コンシューマー）相手のマーケティング活動、Bはビジネスの B。
〈B－to－B〉 企業間取引のマーケティング、BはビジネスのB。
〈CSR〉 企業の社会的責任。
〈SWOT分析〉 Sは強み、Wは弱み、Oは機会、Tは脅威の英語のそれぞれの頭文字を合成したもの。置かれた環境、自己のSWOTを分析し、戦略、計画を練る手法。
〈マーチャンダイジング〉 顧客志向の商品計画、商品構成の企画、商品の調達、在庫、提供展示、販売、サービス活動。

〈マズローの欲求段階説〉　人間の持つ欲求が所得や置かれた地位により変化するものを段階的に示したもの。最低は人間が生きるための生理的欲求で順次、安全⇓社会的⇓尊厳⇓自己実現⇓自己超越と上層に向け変化するとした。

ビジネス展開の留意点

4Pをベースにして農業ビジネスを考え、展開を図る場合に参考にしていただきたい視点を改めて何点か紹介したいと思います。

①　自分の顧客、市場を決める、絞り込む、理解するのがマーケティングの始まり。

マーケティングの基本視点は自分の顧客、市場です。農業をビジネスとして捉え、ビジネス活動をするには自分の顧客は誰か、どこにいるのかをまず考えることが基本です。例えばコメ農家の人に顧客や市場を問うと、日本人、日本との答えが多いのではないでしょうか。さらに日本人はどんな人、どこにいる人ですかと、重ねて尋ねると大半が答えに窮してしまうかもしれません。あなたのコメを食べているのは男女どちらが多い？年齢層は？消費量は？どんな味が好き？どこで買っている？と続けても、きっと答えようがありません。地産地消は農家が合言葉のように使っていますがどれだけ具体的に把握されているか疑問です。売りたい産物は分かっていても消費者については漠然とした情報しか持っていない人がほとんどでしょう（静岡県が過去3年にわたって四つの量販店で調査したところ、青果物の地産地消率は、２０１５年は34％、16年31・８％＝３量販店で算出＝、17年32・４％となっています）。

② 良いものだから売れる、技術的に優れているから売れないはずはない。こんなおいしいものが売れないはずはない。

こうした思い込みは、供給者側の発想（プロダクトアウト）に伴うこだわりに原因があることが多いのです。良い品質とは何か。技術者が誇る品質でも顧客にとっては良いとは限りません。おいしいと誰が決めるのか。それは売り手でも、作り手でもなく、購入する顧客です。顧客に選ばれるためには４Ｐの視点から自社の製品、サービスをまず検討してみることです。〝売れないのは営業マンのやる気、腕のせいだ〟と責める前に、やることがあるのです。

地産地消について４Ｐに沿って考えてみましょう。地産地消とは取れた地域で消費するという考え方です。自分の農産物を販売する場合、具体的にこんなチェックをしてみることが必要です。どこで、いつ、何を、どのくらい、誰にどのようにして売るのか？顧客層の性別、年代、所得、生活スタイル、食生活は…。どの地域のどこの店で売るのか、直販か流通業者を（どこで、どのようにして流通、場所のP）。買いやすい値段はどのようなものか、競争相手は誰で、どこにいるのか（価格のP）。顧客は何を、どのようにしていつ知らせるのが良いのか。TV、新聞、インターネット、雑誌、チラシ、フリーペーパー、口コミ、手紙、地域のイベントなど色々な伝達手段の中からどれを選べば効果的なのか、包装、ネーミング、販売店での接客、クレジットカードやポイントカードの使用をどうするか（プロモーションのP）。いずれの点にも具体的な検討を進める必要があります。〝地産地消〟も4Pを意識し、具体的なマーケティング計画を策定し計画的に推進することが重要です。小規模で身の丈に応じて農業ビジネスを始める場合には地産地消の取り組みは賢明な方法ともいえます。大きく捉えれば国内で日本の農産物を売る行為は地産地消でもあります。

③　マーケットインという言葉を覚えてください。繰り返しになりますが、マーケティン

グは顧客の志向、視点に立つことから始まる。自分の顧客は誰かをいつも意識することが重要なポイントです。そして自分の顧客、すなわち市場を決める場合、少なくとも次のような点にまず留意する必要があります。

自分の顧客は誰か　狙い、ターゲットを決める。最終需要者である消費者か、販売店（卸売業　量販店、専門店）、食品加工業、食品商社、あるいはレストランなどの外食産業なのか。どの顧客を対象とするのか。これを決めます。複数でもよいのです。

自分の顧客はどこにいるのか　顧客の存在する地域、国内か海外かを具体的に捉え、絞り込む必要があります。例えば、アメリカといっても広い。カリフォルニア州と考えてもまだ広く、日本より広いことを知らなくてはなりません。日本の場合も同じです。関西をターゲットにと頭に描くとき、京都、大阪とそれぞれに特色のある食生活、食文化のあることを認識することが重要です。

最終需要者が消費者の場合　それはどのような層の人なのか性別、世帯別、所得、生活スタイル、教育、職業、年齢、購買決定者、地域、食文化など様々な点から調査、研究が求められます。そしてできるだけデータで実態を捉え、分析し対応することが重要です。初めて農業ビジネスを展開する場合は、消費者をできるだけ限定し、小さく始めて大きく育てるほうが効果的です。地域の情報は行政機関、商工会、商工会議所、図書館、地元新聞などで見つけることができます。農業ビジネスに関する情報はスーパー、コンビニ、ショッピングセンター、デパートの地下売り場（デパ地下）など末端消費者が購入する地点を随時あるいは定期的に訪れ、観察するとよいと思います。自分の定点観察店を定め、定期的に観察、消費者の行動の実情、変化を感知する習慣を身に付けたらどうでしょう。

ニッチ市場の探索　すでに入り込む余地のないように見える市場にも隙間、ニッチと呼ばれる市場があります。顧客が求めているのにそれを提供していない、提供できていない分野です。

現在の商品、サービスに価格や品質、便利さなどで顧客が満足していない分野がニッチになります。高齢者の中には少し値段が高くとも、高品質でおいしいものを食べたいと思っている人が多数います。そのような人がどこにどのくらいいるのか。どこで買うのか。どのような食生活をしているのか。こういった調査を新しいニッチ発見のために行ってみるのも創業型のマーケティング活動の始まりです。自分の農産物の特性、オリジナル性、サービス、ブランドを生かして顧客を魅了すれば、市場を創造することができます。マーケティングとは需要創造です。新しい食べ方、料理法、保存法などを独自に開発し提案することもできます。子供や主婦、サラリーマンというように区別して考えニッチを発見することもあります。ニッチ市場は自分の得意分野、専門性の高い市場といってもよいかもしれません。ニッチ市場はいつの間にか成長発展し大きな市場となる可能性があり、自分の独自市場と思っているうちに新規参入者が目を付け競争者が続出し、普通の市場化することがよくあります。

顧客の変化 顧客の趣向、ニーズ、欲求、生活スタイル、買い物行動は常に変化しています。これに注目し、自らも変化することでチャンスを生み出すことが可能です。

変化に付いていくために、マーケティング志向の推進に5W1Hを口にしてみましょう。すなわち顧客は誰（WHO）、顧客はどこに（WHERE）、何を売るのか（WHAT）、何時売るのか（WHEN）、何故か（WHY）、そして、どのようにして売るのか（HOW）。マーケティングは間断なく続いていくものです。

これからの農業ビジネスで、独自性ある市場を作り、それを守る上で重要なのは競争相手との違い、差別化を図り維持することです。競争力を発揮するためのマーケティングツールはブランドで、ビジネス活動の基本ともなります。独自の製品、サービス、独自の種や苗、栽培技術、包装や保存の技術、品質、味、情報、パッケージのデザイン、キャッチコピーなどの色々な競争手段については、他業者がまねできないようこれらを知的財産権として確立しておく必要があります。偽ブランド、偽商品、模造品がよくが問題になります。価値あるブランドであるほど偽物、コピー製品が出現します。一方でブランド作りでは他人の権利を侵害しないよう配慮しなくてはなりません。会社名、商品名、キャッチコピー、ロゴ、形状や色彩、様式などはトラブルが起こりがちです。

ここでブランドについての留意点をいくつか紹介しておきたいと思います。

三越で買い物をし、三越の包装紙を使用して贈り物をするケースを考えてみましょう。ブランド力が商品価値を高めているといえませんか。三越で扱う商品にヘンなものはないという贈る側の信頼、贈られた側も価値あるものを贈られたと評価します。つまり、ブランド力が働いているのです。

ブランドの起源は農業・畜産業に関係があるという説が有力です。昔、牛や羊などの家畜を放牧する際に家畜に自分の所有物であることを示すため、焼き印を押しました。その焼き印には色々なデザインがあり、それにより家畜の所有者を識別していたといわれます。屋号とか家紋、旗印、固有の商品名がブランドに当たると説明する人もいますが、筆者はブランドは印鑑・ハンコに当たるもので、品質保証、安全保障、価値の保証、供給保証、事業の理念、内容、企業イメージなどを感性的、直截に示し顧客との信頼感を作り上げる基盤と考えています。顧客はそのハンコを見て品質が保証されていること、購入に値する価値があることを感じ取ります。

ブランドは企業名、商店名、商品名、商標、呼称、地名、人名、名称などを文字、数字、具象、音声、色彩、形、形式などで表示し、デザイン化されているのが一般的です。企業ブランド、商品ブランド、サービスブランドなどと分類することもあります。世界的ブランドとして評価の高いソニーはもともと商品名でした。会社名は東京通信工業でした。商品名を企業名にし、ブランド化したものです。トヨタは会社名をブランド化し商品ブランドを組み合わせて使用しています。トヨタのブランドを統一したものにシンボルマークがあります。パナソニックは松下電器産業のアメリカでの商品ブランドでした。日本ではナショナルをブランドとして使っていましたが、世界企業として発展するためにパナソニックに統一したのです。このようなケースは多数あります。ロゴで表示することが多いですがロゴすなわちブランドではありません。ただ、ロゴのデザインは重要で、色彩、形の適否が問われます。顧客はロゴで会社、商品をしばしばイメージし、購買決定します。ロゴは統一的に使用することが重要です。ロゴの使用方法をマニュアルで厳格に定めているところが多数あります。名刺から看板、社有車の色に至るまで厳格に使用法を定めています。これはブランド力を高める手法の一つです。

ブランドには必ず所有者がいます。事業者による商品、サービスの品質の表示であり、証明です。それは知的財産権として所有者自身が守っていかなければならず、守る価値があるものです。地域ブランドについて所有者は誰?侵害されたら誰が守るのか。使用権は誰にあるのか―。そこまで考えて使用している人は少ないと思います。守る価値があるなら守るべきです。

会社の買収や合併に際してもブランド価値は必ず登場します。日本ではのれん代として取り扱われることがあります。ブランドには顧客に自社、自社の製品、サービスを選択させる力があるのです。同時にブランドはビジネスの考え方、理念、役割を表示するものであり、また経営者、働く者、購入者の誇りともなるのです。自分の購入した商品のブランドを、誇らしげに口にすることがあります。購入者は言わば広告マンになっているのです。

顧客は購入した商品のブランドによって地位、職業、考え方、生き方を表すことがよくあり、ステータスとなっています。あのようなブランドの商品を持ちたいと考え、それが憧れとなっていることがあるのです。憧れ作りのマーケティングと筆者は呼んでいます。高級食材にもこのようなブランドがあるでしょう。

ソニー、ホンダ、トヨタは企業ブランドです。ウォークマン、フィット、クラウンなどは商品ブランドになります。食品ではデルモンテ、サンキストなどがあります。しかしわが国では個別農産物の品名、特定の産地名、品種名（例あきたこまち）などを前面に出すのが一般的で、ブランド化はあまり進んでいません。三ヶ日みかんや、クラウンメロンなどのブランド名で農協が流通させている例がありますが、一般的に農業ビジネス組織が自己ブランドを前面に押し出して推奨・販売している例は限られています。三越で売っている、このコンビニで扱っているといったことは口に出ますが、生産したビジネス組織は影が薄い場合がほとんどです。消費者は直接農産物を手にして漸く生産者の顔を知るのです（一部に農家が顔写真を商品につけているケースもありますが…）。産地や品種名ではなく自己ブランドを前面に出し、ビジネスを展開する余地は十分あります。例えば○○農園のスーパーレタス、△△農業のデラックスイチゴといった具合です。前に触れた静岡産業大学の卒業生は父親の名前と自分の名前を融合させたブランド〝はるいち〟を創造しそれを冠したナシを品種名とともに広告しています。コーヒーの場合、産地名よりもスターバックス、ＵＣＣ、ＭＪＳという企業名がよく出てきます。最近のペットボトルのお茶もまずブランド名で、産地名はよく見ないと分からない小さな文字で書いてある場合が多いのです。食品加工物でもケチャップならカゴメとか味の素というように企業ブランドで売られているのです。

インターネット時代に入りブランドの重要性が一層高まってます。インターネットでの買い物には、顧客が販売者に会ったり、直接商品に触れたり、自分の目で売り手や商品を確認したりすることはほとんどありません。ネット上で写真、アニメ、図、説明文などの情報に触れて購入します。こうなるとブランド力が一層重要になるのです。ブランドで商品を信用する、売り手を信用することになるのです。その商品は確かか、個人情報は保護されるのか、商品は届くのか、売り手は間違いない人なのか。こういった疑問を和らげるのがブランド力でもあるのです。ブランドは信頼、信用の証しなのです。

農業ビジネスへの一歩

農業ビジネスを始めるための一つの視点は、どのような規模を念頭に置くかということにあります。ブランド力がまだ弱く取引規模が小さいときはどう一歩を踏み出すか、例えば自分の住んでいる町の消費者にスーパーを通して売る場合は、販売店のブランドの力を借りて、地域ブランドまたは品種名で農産物を売ることができます。生産能力に応じて出荷し、安定的にビジネスを成長させていくことはできます。ビジネスの手法を習熟する上でも、身近な地域から始め、ブランドを育てブランド力を獲得していく方が好ましいと思います。

ただ、想定外のことで注目され、売り上げが急上昇する場合があることに留意しておく必要があります。マスコミに登場したり、ツイッターで評判になったりということが起こると、たちまち当該商品が売り切れで、取り扱ってくれているスーパーから追加注文に応えられなくなります。他地域で仲間が生産した物を融通してもらったとしても今までの地域ブランドは使えません。顧客が地域ブランドで商品を認知している場合には何か裏切られた感じを抱くことになります。食品関連、料理のビジネス分野でしばしば発生する偽装事件は自己ブランドでなく品種名、産地名を前面に出し、それを売り物にしている場合に起きています。農業ビジネスでは関連する法律知識、規制について理解し、それを守るのはもちろんですが、品種名や産地名ではなく、早い時期から、企業ブランドを前面にしていれば、トラブルをかなり回避できるのです。サンキストオレンジは企業ブランド名です。サンキストの名で味、質を保証しているのです。もちろん産地名や製品名も表示されているのです。

伊藤園の成功

伊藤園は静岡県で誕生した企業ですが、現在は本社が東京にあります。

お茶のペットボトル化を追い風に中小企業から一躍発展しました。お茶は茶葉で淹れ、ただで飲むものとされていた常識を弁当とペットボトルのお茶を買って飲むという風景に一変させました。〝お～いお茶〟のキャッチフレーズはお茶は、気軽な飲み物というイメージを生み出し、それがブランドとなり売り上げは飛躍的に増大したのです。伝統的なお茶業界の中にはお茶文化を傷つけると批判する人がいますが、そのブランド力には注目する必要があります。ペットボトルの表示には国産茶とあるだけで産地名は見えません。

ブランドには供給責任

　農業ビジネスに限らず起業しようとする人は企業ブランド、自社のブランド構築を最初から考える必要があります。ビジネスには品質保証、供給責任が事業者自身にあるのです。自社ブランドがあれば他地域から同種の農産物を集めて自分のブランドで供給できます。もちろん味や品質の保証責任はブランド所有者が負うことになりますが、供給を継続することができます。ビジネスでは供給責任をいつも考えておく必要があります。安定供給力という言葉があります。農業ビジネスに取り組む場合、常に取り扱う物の品質保証と供給力についてよく検討しておくことが求められます。供給体制を準備することはビジネスの基本です。製品の保存法、鮮度維持法、出荷配送計画、供給計画など念を入れて準備しておく必要があります。

　農業ビジネスを推進するに当たり自分の社名、屋号、商品名などをどう設定し、デザインするのか、ロゴ、色、形、キャッチフレーズなどが顧客を魅了するものであるか、自分のビジネスを表現しているかなどについて経営者自らが検討し、育て上げていく努力が必要です。ブランドの確立には長年の月日、多額の出費がかかるのです。簡単にすぐ変更できるものではないことを知っておく必要があります。

顧客との良い関係づくり

農業、農産物はものづくりとは違う、色々な不安定状況（天候、環境条件など）で製造業みたいにはいかないという意見をよく聞きます。しかし、ものづくりでも安定供給には苦労しているのです。〝品切れ〟〝欠品〟〝入荷見込み不明〟はビジネスの場合、禁句です。このために普段から色々な仕組みも考え、用意しているのです。農業も本来ものづくりなのです。自分の地域にある家具製作工場を見て考えてください。家具を製作するのも畑でキュウリを作るのも〝ものづくり〟です。家具製造と農産物の生産で取り組み方には違いがありますが、基本的なビジネスの仕組みは同じです。作ったものを買ってくれる顧客があり、その顧客に品質、供給を保証する、顧客に満足してもらう、リピーターになってもらう、顧客との良い関係づくりなどが図られるのです。マーケティングの基本的な考え方は顧客との良好な関係を築きリピーターになってもらうことにあります。一回限りもありますが基本的にはいつまでもよい顧客になってもらう、何回も買ってもらうことが求められるのです。

東京ディズニーランドは毎年1千万人以上が入場していますが、リピーターが多くを占めます。筆者の周辺で聞いてみると3回以上も行ったという人が圧倒的に多い。30回も行ったという人もいます。ディズニーランドは当初から顧客がリピーターとなることを前提にマーケティングを展開してきたのです。基本は何度も強調している顧客満足です。顧客の満足を得るにはどうしたらよいでしょうか。一つはマーケティングの4Pについて顧客の視点でできているかどうか検討してみること、もう一つは顧客に満足を与える要素について検討し、取り入れてみることです(別掲参照)。簡単ではありませんが、顧客は期待以上のことを得られることによって満足を感じることが多いようです。

ブランドはリピーター作り、良好な顧客関係を作る上で重要なのです。そのためにはロゴや、メッセージテーマが大切です。口ずさめるようなコマーシャルメッセージがあれば、顧客の信頼感、安心感につながりますし、ロゴは製品を理解してもらうのに効果的な役割を果たすのです。農業ビジネスに従事する人はこの点を押さえてほしいと思います。

地域ブランド(産地ブランドと呼ばれることもあります)作りが話題になり、地域名を売りにする活動が盛んです。

地域ブランドは何のためで、誰のためにあるのか。誰が所有し、誰が守るのか?地域ブランドによって、自分のビジネスの展開を有利に進めることができるのか、逆に地域ブランドに縛られて独自のビジネスの展開や差別化ができるのかも検討しておく必要があるでしょう。ビジネスの基本は差別化、独自の魅力作りですが、地域ブランドはみんなで一緒、共存共栄を求めることにあります。農業ビジネスを法人化して行う際にマーケティング展開を阻害しないよう留意しなくてはなりません。

そもそも地域ブランドとは何か、何のためにあるのか。それは一言でいえば地域を売り物とし、特産品、観光資源、特性をPRして、地域を知ってもらい来てもらう、特産を買ってもらうためです。その費用の負担は、原則は行政機関、つまり補助金です。２００６年商標法が改正され、地域団体商標制度による地域ブランドの制定、運用に法的な裏付けが存在します。しかし独立のビジネス組織が独占して使用するためのものではないのです。地域ブランドは地域の共同行為、すなわちみんなで一緒に仲良くという精神が前提になっています。

本書で取り上げる新しい農業ビジネスでは、それぞれの組織が独自性、ユニークさをベースとして顧客の満足度を高め顧客と良好な関係を築くことを基本にしています。もちろん地域名、地域ブランドを利用することが有利であれば構いませんが、あくまでも自己のブランドをまず前面にした計画と取り組みが必要です。ビジネス活動では自分を選んでもらう、自分の商品を買ってもらうことが基本にあります。海外で日本の地名が商品名に使用され問題になることがありますが、地域ブランドが侵害されたということで訴訟にまで発展したケースは少ないように思います。

地域ブランドについてどう考えるのか、活用に当たり参考になる点をいくつか挙げてみたいと思います。国際貿易では、アメリカ製、中国製などと生産国のイメージを製品に打ち出すことがあります。トランプ米大統領は、アメリカ製を購入するようバイアメリカンを呼び掛けています。アメリカ人には自国製であれば値段が10％高くても購入するという人も多いようですが、実際の消費現場ではどうでしょうか。国のイメージが製品イメージの支えとなって、売り上げにプラス効果をもたらすことはよくあります。日本製品に対する品質上のイメージは良好なので、まさに日本製であることが当てはまります。農産物にもこの傾向はみられ、お茶は宇治茶、静岡茶が国内では品質を支えるイメージになっています。北海道産のジャガイモも高品質のイメージを構築しています。地域ブランドは地域のイメージを作り出し、そのイメージが地域の生産品やサービスの品質イメージを作りそれが地域産業の育成、ブランド構築の下支えになることを意図しているのです。

地域の物を選択する地産地消はよく知られていますが、その効果はビジネスによって違うようです。ビジネスは自己の組織が扱っているものを選択してもらうことが基本ですから、皆が同じ物を売るとなると差別化を工夫し、認識してもらうことに力を注ぐようになります。

家電製品や自動車を購入する場合、どこの国で生産されたかより、どのメーカーの製品なのかが問われるケースが多いでしょう。メーカーや販売店が品質保証をしているからで、購入者はメーカーのブランドを信用しているのです。農産物やその加工品については産地が問題になることが多いようです。

ブランドの確立は簡単ではありません。知ってもらう、理解してもらうのには大変な時間、工夫、費用がかかります。確立には何十年もかかるのに対し、ブランド価値はちょっとした不信行為で消滅してしまいます。ブランドは企業の命、企業のすべてが懸かっているといってもよいのです。しかし、農業従事者はこのことを十分に分かっていなかったように思います。なぜなら、農業は栽培することが主体。みんなで協働、仲間意識が第一でお互いに競争する意識が希薄だったからです。ビジネスの要諦はブランド作りともいえます。最初からブランドがあるのではなく、長いビジネス活動の結果生まれるものなのです。

AIDMA（アイドマ）の原理

マーケティングでは知らせる、知られる、良いイメージを持ってもらうことを非常に重視します。自分のビジネス、商品、サービスを知ってもらうこと、知ってもらわなければビジネスは始まらない、買ってもらえないと考えるのです。一般的にPRという言葉は〝知らせる〟という意味で使われます。広告宣伝活動はその核になるものですが、そこでは人間の〝記憶〟と〝忘れる〟ことについて理解しておかなくてはなりません。人々の行動は知り（認知）、記憶し想起し行動というプロセスをベースにしています。認知し、記憶するものが大量にある一方で記憶したものを人間はすぐ忘れるという点を熟知しておくべきです。〝人のうわさも75日〟という格言はそのことを指しているのですが、情報化の時代、情報の洪水の中に我々は溺れるような状況にあります。記憶した内容は日々曖昧、不正確なものとなります。皆さんは地域の名前を言われて、それがどこにあるのか正確に答えられるでしょうか。自分の住んでいるまちの人口、行政の長の名前を言えますか。さらにほかの地域となるとどうでしょうか。知る、知らせる活動、そして知ってもらい、記憶してもらいそれが何かの行動を起こさせるのは大変なことなのです。

マーケティングの原理の一つにＡＩＤＭＡ（アイドマ）と呼ばれるものがあります。これは広告や店での展示、包装などで使用されている原理ですが、これは記憶と関係があります。人が購買を決定するまでのプロセスを分解すると次のようになると考えます。

Ａ→アテンション・注意を惹く
Ｉ→インタレスト・興味を持つ
Ｄ→デザイヤー・欲しくなる
Ｍ→メモリー・記憶する
Ａ→アクション・行動に移す（購入）

例を挙げると　商品としての農産物を店頭で試食してもらう（顧客の注意を惹く）→試食品に興味を持つ→試食品を欲しくなる→記憶を思い出す→購入する、といった具合です。コマーシャルの内容、商品の包装、名前、看板、商品の外見にはＡＩＤＭＡの原理がベースとなっているのです。ブランドはこの記憶、記憶の想起を助ける大きな働きをします。地域ブランドも同様の役割を果たしていることは否定しませんが、自分のビジネスならば、自分を売り出す、自分の商品を選んでもらうためまず自分のブランドを記憶してもらう、良いイメージを抱いてもらうことが重要だと考えますが、いかがですか。

信頼と信用、期待感。ビジネスの成り立つベース

ビジネスの要諦の一つが信頼と信用、そして期待です。商品を見て、その商品の性能、出来具合を購入者がチェックすることは実質的に難しいでしょう。自動車を買う場合、皆さんはボンネットを開けてエンジンを調べたり、性能試験を自らしたりしますか。よほどの人でない限り、カタログ、事前の情報、デザイン、評判などで決めると思います。さらに、多くの人がメーカー名、車のブランドを重視します。ブランドで性能を信頼するのがほとんどです。再三強調しましたが、ブランドは信頼と期待に対する商品提供側のハンコなのです。マーケティング活動はこの信頼と期待づくり、維持をベースにしているともいえます。

経営者はこの信頼、信用を常に旨とすべきです。嘘をつかない、ごまかさない、約束を守る、期待に応える、支払いを守る、時間を守る、ルール・契約を守る、法律を守る。信頼、信用を築くためには、こうした点を徹底し、供給責任、品質保証を果たすことが要諦

です。健全な会社の財務内容も信頼、信用を築く源泉です。内紛のない経営、経営者の言葉、リーダシップの質もベースです。農業ビジネスの展開に当たっても常に留意していく必要があります。

需要創造

マーケティングの基本的な考え方の一つは需要を創造することにあります。農産物は人間の生命維持に絶対不可欠です。どこの国でも食料自給力が問題になります。日本の食料自給力を調べるとお寒い限りです。このためか、長い間農業は保護されていました。農業をビジネスにしようとの考え方も育ちませんでした。必要最低限の農産物、生活必需品はとにかく手に入る。外国産の食料品はスーパーに行けば山のようにある。一方で所得は増え、人々は食べたいもの、おいしいもの、新鮮なもの、安全なものだけでなく、健康に良いもの、珍しいもの、新規なものを次々求めるようになり、日本に飽食の時代が出現しました。食生活は多様化し、その種類は数えきれないくらい。ただ、大半は最近誕生したり、手を加えて変化させたりしたものでその需要は創造されたものだといってよいのです。

需要創造の方法は、新製品、新モデル、新品種、新価格、新容器、新販路など。マーケティングの基本は需要創造であり、４Ｐは基本的には需要の促進と創造のためにあるのです。プロダクト、サービスは顧客にとって購入したくなるものであることが大切で、その存在、内容を知らせるためにプロモーション活動が行います。プロモーションは大きく分けて広告宣伝活動と販売促進活動。〝ＰＲする〟という言葉には〝知る、知らせる、知ってもらう〟という意味が含まれています。顧客がその商品の存在、価値、入手方法、値段を知ることによってその商品に興味を抱き需要が生まれます。

広告宣伝がマーケティングのすべてではないが重要なビジネス活動

マーケティングとは広告宣伝だと考えている人がいるのは当然です。日本の広告費はＧＤＰの約１％で日本の防衛費とほぼ同額で、そこにはメディアに関わる費用も含まれています。日本の民放ＴＶ、ラジオ、新聞などの収入は広告料が大きな部分を占めています。メディアのあるところ広告ありなのです。メディアとは新聞、雑誌、年賀状、包装紙はもちろん、チラシ、看板、車体、広報誌、最近は携帯、人の体、衣服からインターネットまで指しています。知らせる、知ってもらうためにはＰＲ活動は不可欠ですが、どのようなメディアを使うか、は誰に知らせたいか➡標的（ターゲット）、知らせる内容、目的タイミング、場所、そして予算などによって、変わってくるでしょう。そのコストは時に膨大です。はがきで知らせる→はがきなら、官製はがきで数十円程度ですが、メッセージの製作費、人件費などを含めると、１００円程度はかかるかもしれません。コマーシャルとなると製作費､放送代金などを含めればかなりの金額に。最近はホームページ、フェイスブック、ツイッターなどインターネット活用の広告手法が開発され、手ごろに誰でも使用されるようになっていますが、とはいえコストは生じます。

ダグマーの原則

マスメディアを使う広告活動はコストがかかるので、入念な計画作成とその効果測定が不可欠です。広告理論にダグマー（ＤＡＧＭＡＲ＝Defining Advertising Goals for Measured Advertising Results の頭文字で造語。広告効果が測定されうるよう広告目標を明示する）の原則と呼ばれるものがあります。これは広告効果を最大限に高め、かつその効果が測定されるように広告目標をきちんと最初に定めることの重要性をうたったもので広告の目標管理とも言われます。どのような顧客に何を訴求し、どのような効果を、どのくらいの期間で得たいのか、どのくらいの費用をかけるのか―、あらかじめ具体的に計画

表 3-2 静岡新聞社の広告掲載料（出所 静岡新聞社ホームページ）

記事下基本料金

（単位：円、税別、平成24年10月１日実施）

	基本料金（段当たり）	営業料金（1cm×1段）	臨時料金（1cm×1段）
全県版	310,000	8,100	25,000
東部版	85,000	2,250	8,000
中部版	168,000	4,400	13,000
西部版	108,000	2,850	9,000

を設定しておくのです。前に述べたＡＩＤＭＡの原則と一緒に広告活動を考える場合には留意すべき原則です。

広告の分野でよく登場する言葉に視聴率があります。広告を出すＴＶ番組の視聴率は、即広告を見ている人の率ではありませんが、かなり関係があり、視聴率の高い番組に広告を出すと効果が高くなるとされています。この場合、番組を誰が見ているかも大事になります。自分の顧客と市場を考えて番組を選ぶことが重要です。

広告活動に近年、インターネットは不可欠となっています。この分野ではそれほど費用を要しませんし、顧客との双方向で直接やりとりすることもできます。ホームページ、携帯、スマートフォンなどを活用するソーシャルネットワークの活用も重要です。ツイッターは口コミ宣伝の役割を果たします。農業ビジネスを始める人はぜひ自分のホームページを作り、活用してください。初心者向けに商工会議所、商工会が講座を頻繁に開設してます。

広告計画作成で最初に考慮すべき点を改めて挙げておきます。

①　予算　広告をする目的、対象品目をよく絞り、どの期間、どこで、いつ支出するのか。どのようなメディアを選択するのか、どのような効果を期待するのか。お知らせ、告知、知名度、認知度を上げる、ブランド力を作るなど。色々な視点から目的を決めます。

②　広告対象となる顧客（消費者）の分析　消費者をデータで捉えておくこと。消費者の買い物行動、食文化、消費者の食に対する関心要素、知りたい情報、メディアの選び方、広告づくりのデータのベースになります。

③　競争　競争相手は誰か、競争する品目は何かをあらかじめ念頭において計画を作成する。競争相手とは何で競争するのか。価格か鮮度か味か機能か、自分の強みとは何か、自己分析した上で、作成してみることです。

④ 自分のブランド、自分のビジネスの特色を簡単に記憶してもらうためのキャッチコピー、使用するカラーなどを研究し、制定すること。商品、サービスのネーミングを工夫し用意する。

⑤ 顧客の立場、視点で広告活動をすること。知らせたいこと、知ってもらいたいことと顧客が知りたいことは同じではない。一致したときの効果は抜群。

⑥ 広告活動はマーケティングの重要な要素ではあるが、すべてではない。広告活動をすればすぐ売れるわけではない。広告は漢方薬に似ている。即効性はないがじわじわ効いてくる、と説明する人もいます。広告の対象になる売り物の魅力、商品力が重要なのです。

広告活動は通常広告代理店を通して行います。広告代理店、広告会社には広告の専門家がいて色々助言をしてくれます。しかし、業者に丸投げは禁物。自分の意図、考え方、視点、計画をしっかりと押さえた上で、専門家に明示し協働することが大事です。

販売促進活動SP

広告宣伝ではすぐ効果が出ない。ではどうするか。一つの方法は店頭、あるいは顧客に直接接触してアピールする、いわゆる売り込みを図ることです。これを販売促進、略して販促あるいはSP（セールスプロモーション活動）と呼んでいます。農業ビジネスでは直売、朝市、限定販売、試食会、特価販売、交流会、即売会などがそれに当たります。手法としてはイベント、キャンペーンなどがあり、ポイント制は顧客を囲い込むのに有用です。実施に当たって色々な手法、道具が工夫されます。料理法、栽培法、おいしい食べ方の一口メモなどはよく目にしますし、ポイントアップ5倍デーを設ける店もあります。販売促進活動は顧客との接点を持って、関係を作ったり、顧客に関する情報を入手する場ともなります。アンケート調査を行うことも可能です。

テスト販売（アンテナショップもその一例）により消費者の好み、当該商品に対する反応を感知することもできます。顧客が何によって満足感を感じ取るかを知ることは〝売れる仕組み作り〟に繋がるのです。販売促進活動はこれを体得する絶好の機会となるのです。

価格と需要

　需要促進、需要創造の重要な手段は価格です。マーケティングの４Ｐの一つのＰはプライス・価格です。値段は需要を支配します。スーパーでは夕方になると値下げをして売りさばく手法が取られていますが、単純に高ければ売れない、安ければ売れるというものではありません。価格決定の要素としては主に買い手側の抱く値ごろ感、価値観、需給関係、競争条件があります。商品には価格に敏感に反応して売れるもの、売れないものがあります。値段は誰が決めるか。最終的には顧客です。買うか買わないかを決めるのは購入者の判断です。売り手側からするとコストと利益を加えたものと考えがちですが、値段はあくまでも顧客、市場が決めることを忘れてはなりません。マーケティングには原価企画という考えがあります。売れる値段に対応したコストを工夫し、合理化を図ろうとの取り組みです。一方で、高付加価値戦略、すなわち高品質のものを、高い値段で売るアプローチもあります。同じ商品でも地域を変えると値段を変えることができます。静岡のメロンの中には東京で１個１万円で売り、売れているところがあります。東京の顧客には同じメロンでも品質を高く評価し、買える人がいるのです。必要になってくるのはブランド戦略です。

ブランドは値段を左右する重要な条件といわれます。いわゆるブランド製品にはそれ相応の高価格イメージを持ち、購入者は支払いを厭いません。

価格を巡っては、色々な心理が働きます。例えば、安かろう悪かろう、値段相応という感じ方など。お得感や値ごろ感を醸成するための価格を心理価格ということがあります。店頭で値段を195円、295円と表示すれば、200円、300円とするより格安感を感じるでしょう。3万円でなく、2万9950円とされていればわずか50円の差でも安く感じる心理効果があるとされています。高値感を出さないために税抜き価格で表示しているところもあります。

一寸考えてみる

お茶はただ、無料で飲むものと思っている人がほとんどです。なぜでしょうか。コーヒーも、紅茶も、ウーロン茶も有料です。どうすれば有料化できるのか。ペットボトルのお茶は無料ではありません。

価格設定で考慮すべきことは商品を発売するに当たり、高価格帯・高級品としてゆくか、一般の所得層を狙った低価格帯から始めるかを明確にしておくことです。ビジネスの拡大に伴って対象となる顧客の層を拡大していく場合、値段をその層に合わせていかなくてはなりません。一般的に値段を下げるのは容易ですが、値段を上げるのは難しくなります。一般的には高価格で販売を始め、顧客誘引のため値段を下げていくやり方が取られます。ただし、この場合高所得層、高価格層で通用する高品質、高級品イメージを持ったブランドを構築、維持しておく必要があります。

マーケティング活動で直面する現実は競争です。競争は顧客獲得に尽きるのですが、顧客に自社の製品、サービスに魅力を感じてもらうようにするための魅力の競争でもあります。地域ブランドは、地域の名前を知ってもらう、地域の特産品を知ってもらうことに狙いがありますが、本当のビジネスはそこからの競争です。自分の提供する商品、サービスが地域ブランドだったとしても、もちろん自分のところで購入してもらいたいと考えるのは当然です。

マーケティング活動で留意すべきことの一つは独占禁止法です。競争を制限する行為、活動を禁ずる法律です。競争者同士であらかじめ値段を決めたり、売り先を決める行為、売る地域についての協定、ブランドや商標、デザインを偽装、侵害する行為は、すべて競争を制限する行為です。とりわけ値段の取り決めには厳しい規制が設けられています。不当な値引きや、特売は禁止されており、特売、値段の設定は一定のルールの下に行うようが求められます。この点はよく勉強しておく必要があります。独占禁止法の趣旨は正当な競争を促進することにあります。

マーケティングの基本的な理念は非価格競争です。価格で勝負せず、製品やサービスの特徴、優位性、便利さ、デザイン、機能、効果、好イメージ、親近性、ブランド力などで他社との差別化を図る、いわば魅力度で競争するのです。サービス産業では価格競争に陥らない工夫をよう、追加サービスやおまけなど工夫しています。

競争で優位に立つ

値引きではなく商品力で競争するのだといった人がいます。農業ビジネスでもこの視点が重要です。特別な商品として優位を保つ手段の一つが、いわゆる特許権です。知的所有権といわれるものもあります。ネーミング、キャッチコピー、意匠・デザイン、ブランド名などのほか、栽培法、加工技術、ブレンドの仕方などのノウハウも含め競争相手が使用できないもの、差別化を図れるものが非価格競争の有力なツール、武器となります。最近のマーケティングではこの知的所有権を押さえておくことが強調されています。農業ビジネスでも同じです。例えばお茶、コーヒー、コメの分野ではブレンドが重要な意味を持ちます。保存法にもイノベーションが生まれています。ノウハウは重要で、多くは企業秘密になっています。企業は独自の研究開発を行い、競争相手にはない技術、製品の開発に取り組んでいます。農業分野では国や自治体の研究機関が担う部分が多く、広く利用できる環境になっています。とはいえ、農業ビジネス従事者はノウハウについて排他的、独占的活用の道を工夫し、探る必要があります。独自の栽培技術、保存技術や加工法を有しているなら、これを企業秘密として守る必要があります。得意先や市場に関する情報も同様に取り扱わなくてはなりません。

市場で価格的な優位に立つためにはいわゆる合理化が求められます。栽培技術のイノベーションで大幅なコストダウンが可能となれば、相手より有利な値段で品質の高いものを顧客に提供できます。農薬も使い方を工夫して散布量を減らしたり、他の農薬を使用したり、購入先を変えたりすることによりコストカットできるでしょう。気象データを活用した栽培方法、適切な生産計画の立案、ロボットやドローンの利用も有効なはずです。物流コストを下げる工夫なども含め色々な角度から検討の余地はあります。農業ビジネスもものづくりです。製造業で活用されている、改善（ＫＡＩＺＥＮ）をはじめコストダウンや品質管理の手法には役立つものがたくさんあります。物流面での変化を生かして新しいビジネスモデルを練り上げてコストを下げることができます。ビジネス活動を細かく分析し新製品の開発に保存、配送などについての進化した考え方、独自の仕組みを取り入れてみてはどうでしょう。研究次第では現在の半値での販売も夢物語ではありません。

競争には目に見える相手もいれば見えない相手もあります。同業他社は目に見える競争相手です。同じ農産物、生産品も目に見える相手でしょう。しかし、果物の例を考えてみてください。果物の競争相手は必ずしも同じ果物でなく、クッキーであったりアイスクリームだったりします。果物の機能性を売り物にする場合、競争相手はサプリメントかもしれません。グローバル化時代、競争相手は国内製品ではなく、輸入製品である場合もあります。何で勝負するのか、こちらの強みと弱みを具体的に相手の商品、サービスと対比してみる必要があります。広くビジネスという観点に立てば農産物を輸入して売ることもありです。これからの農業ビジネスでは国際化を巧みに利用していくことも視野に入れなくてはなりません。

農業ビジネスの国際化を考える

農業の国際化、農業ビジネスの国際化が推進されています。一つは農産物の海外輸出です。戦前お茶や絹は主要輸出品でしたが、近年は様々な品目を輸出する試みが広がっています。もう一つは海外での生産です。歴史的にも日本人移民で成功した人は大勢います。ジャガイモやコメ、レタス、イチゴと作物も様々。今後も海外で農業ビジネスを展開することは盛んになっていくでしょう。既に日本人が口にしている食品の中には海外で日本人ビジネスマンあるいは日本との協力で生産、加工されているものがたくさんあります。海外で作り日本で売る、あるいは現地で売る、他国に輸出する、こうした形が見られます。日本の栽培技術を輸出することもできます。海外から安い農産物が日本市場に入ってくることばかりを憂える前に、海外で打って出ることを考えてみることも重要です。お茶の若いビジネス経営者からタイ、ベトナム、ミャンマーでの生産構想を聞いたことがあります。環境や規制、生活文化、取引慣行の違いがあり、容易なことではないのですが挑戦する価値はあります。

日本の農産物を海外市場に輸出し、ビジネスを拡大するにはマーケティング上の多くの課題をクリアする必要があります。進出に当たってはジェトロ（日本貿易振興機構）等の政府機関、専門家、コンサルタント、商社はもちろん、相手国の政府機関にも接触し、十分な情報を入手した上で計画を練らなくてはなりません。世界は広く、食文化も様々。その市場の状況、環境を熟知する必要があります。食文化の調査、理解は必須です。マーケットリサーチを十分に行うことを再度強調しておきたいと思います。

① どんな食文化か

日本食文化について海外から関心が高まっていますが、その理解、接し方は地域により色々です。日本の農産物の強み、自社の強みを生かして現地化しながら、ビジネスを展開する必要があります。食文化を輸出するのでなく農業ビジネスを行うと心して、マーケティング本位で市場開拓をする必要があります。農産物にはどこの国にも規制があります。食文化についてもイスラム教徒をはじめ、キリスト教でも、ヒンズー教でも留意すべき慣行、規制があるのです。このような点を事前に研究しておくことが重要です。現地での取引慣行も慎重に調べておかなくてはなりません。〝郷に入れば郷に従え〟という格言は常に心掛けておくべき教訓です。法制度、金融制度（支払い、与信、利益の本国送金など）についても同様です。毎日のように変化するインターネット時代の契約、支払制度にも気を配るべきです。

海外市場で目にしたビジネスの仕方、仕組み、食文化を日本に持ち帰って応用することもできます。ファーマーズマーケットという言葉はアメリカからきたものです。ロサンゼルスのファーマーズマーケットの賑わいをヒントに日本で始まったといいます。日本人が口にする食品には外国に起源を持つものが数多くあります。例えばサラダを食べる習慣は日本にはありませんでした。そのままでは難しくてもアレンジすれば、日本でも売れる、活用できる、成功するというものがあるかもしれません。日本人の食べるラーメンや焼き餃子は中国では目にしないと留学生から聞いたことがあります。

② ブランドは通用するか　進出する市場での競争は不可避です。日本の同業他社が現地では一番の競争相手となることがよくあります。日本製品に対する海外での信用、評価は高いのですが、それだけでは売れません。日本製品であることは前面に出し活用できたとしても、地域ブランド、地域名はなかなか認知してもらえません。日本の地方の名前、農産物の名称（例えば魚沼コシヒカリ、袋井のメロン、森の富有柿など）を知っている人は全くと言っていいほどいません。知ってもらうためには大変な費用と時間を要

します。国内の行政機関やビジネスの促進組織が海外で地域ブランドのPRを支援しています。農業ビジネスにとってありがたいですが、地域名はブランドとしてどの程度貢献してくれるのか調査してみる必要もあるでしょう。自分のビジネスのブランドで売り込んだり、現地でブランドを購入し使ったりするのも一つの進出方式です。このような取り組みをビジネスマンの間では、時間を買うと表現する人もいます。本書のテーマではありませんが買収や合併、いわゆるM&Aは海外でビジネスの展開で有効な手段と考えられています。現地でのマーケティングを知り、マーケティング活動を展開するには現地企業との業務提携方式は検討に値します。ただし提携に当たり、ブランドや商品名などを巡って知的所有権上の争いに巻き込まれる恐れがあることも留意しておく必要があります。

③　**供給責任を果たせるか**　ビジネスを展開すると供給責任が発生します。海外進出の場合には特段の配慮が必要です。日本から製品を輸出し、現地でビジネスする場合、輸送、保存、在庫に関係する環境、条件については十分な検討、準備をしておく必要があります。農産物の場合、市場が急拡大した場合、供給が追いつかず、品不足に陥る可能性が

あります。取引先との契約を結ぶ場合、よく詰めることが必要です。契約書を作成には弁護士を介することを勧めます。

商品、サービスにも寿命があります。寿命を探知し、次の商品計画をすることがビジネスの基本です。現在売れていても次第に売れ行きが鈍ることがあります。気が付いたら不良在庫の山、返品の山ということがあります。シャッター通りと呼ばれる寂れた商店街を歩けば、ほこりをかぶった商品が店に並んでいるのを見掛けます。逆にスーパーやコンビニの店頭では常に商品を入れ替えています。毎日統計を取り、売れ筋商品を監視しているのです。

食文化には大きな変化が徐々に起きています。日本にマクドナルドが進出した時は、歩きながら食べる、大きなハンバーガーに食らいつくという食事マナーは驚きでした。食生活は気が付かないうちに変化しているのです。一人当たりのコメの消費量は激減した一方で、スパゲティー、ピザなど洋食化が進行しています。

高齢化、人口減少、国際化、教育の高度化、情報化、技術革新、規制緩和がもたらす変化には敏感でなければなりません。健康志向、食の安全・安心志向、健康長寿志向の高まりは食生活を大きく変化させています。農業ビジネスに従事する場合、この変化に敏感でなければなりません。農産物の需要の変化を直視しつつ、その寿命を察知し、次の一手を準備しておく必要があります。

あらゆるマーケティング活動は売り物である商品、サービスがあって行われます。商品、サービスが顧客志向で開発され、顧客が求め、満足感を得るものでなければマーケティングは非効率で意味のないものになります。４Ｐで一番重要なのは商品、サービスを意味するプロダクトのＰなのです。マーケティングはこのＰで始まり、Ｐで終わるといってよいでしょう。

農業をビジネスにする場合に重要なのは継続性です。ビジネスを途中でやめることはできますし、期限が来たらやめることもできますが、一度始めると色々な関係が生まれます。顧客に対しては供給責任、従業員に対しては雇用者としての責任、地域社会に対する企業市民としての貢献責任、銀行や投資家へは信用責任があるのです。この関係をうまく維持することが重要なのですが、前提は継続性です。それを支える基盤は売り上げ、利益を生む商品力、サービス力で、ビジネス経営に当たる者はこの点に留意することが求められます。

日本は老舗大国といわれ、１００年以上存続している会社がたくさんあります。老舗が存続できたのは顧客重視、時代にマッチした商品開発、サービスの提供があったからです。進化論のダーウィンが唱えた〝環境変化に対応したもののみが生存発展する〟は、ビジネスにも当てはまります。大きくてもビジネス戦略を誤り、環境変化に適合できなかった会社は衰退、凋落するのです。その代わりこの変化を読み取り、顧客のニーズに対応したビジネスは生存発展します。農業ビジネスの経営に当たる者は常にこのことを肝に銘じておかなくてはなりません。

一寸考えてみる

起業して経営が軌道に乗るまでに節目の「７５３」があります。体験的なものです。起業して3年間が一番大変です。歯を食いしばって乗り切る。ビジネスを体で覚える期間です。もちろん、きちんとした計画を最初に立てるのが重要です。倒産や廃業はこの3年間に起きることが多いのです。そして5年たつとゆとりができる。頑張る。７年目に入るとビジネスの勘所が分かる。付き合いも広がる。安全な軌道に乗り始めます。次の目標は開業10年記念。

マーケティング戦略

企業のビジネスを展開、発展させるためには、大きな枠組みの発展計画（企業の成長戦略）の作成が必要です、その中心をなすのはマーケティング戦略です。実務家、学者の中にはがビジネス活動すべての上に位置付けられるものだと強調する人がいます。「戦う」という字の示す通り、戦略は競争に勝つ手段、方法、取り組み、プロジェクト、市場、時期などを具体化し、勝つために自分の強みを最大限発揮し、ビジネス目的を達成するための構想です。ヒト、モノ、カネを巧みに駆使すべく、戦略に応じて戦術となる４Ｐの中で技法、仕組み、アプローチを考えていくことになります。独創的な新商品、サービス、売り方、発売時期、場所、広告活動などがしばしばその中心に位置付けられます。農業ビジネスの展開でもマーケティング戦略を作成してみてください。日々のビジネスに苦労していると、とかく大局的な見地に立ちにくくなりますが、戦略を作成し、絶えず点検し、必要に応じて、その内容（商品、サービスの種類、特徴、差別化、価格、広告、顧客関係、流通などに関わる計画、仕組み）を見直さなければなりません。

　ビジネスの格言の一つに、戦略のミスは戦術では補えない、とあります。戦略が間違っていると日頃の努力も報われないのです。誤った戦略を達成するための努力は無駄になります。現在の戦略が正しいかどうか、その戦略を達成するために使用しているその手段手法、戦術は適切かどうか、経営者はいつもじっくり見極める必要があります。戦略達成と関係ないことに資金、人材、各種資源を投入することは避けるべきです。ビジネスの世界ではリエンジニアリングという改革法が用いられます。それは戦略を達成するために手段、方法を改革するというものです。場合によっては戦略そのものも見直す、改革、革新の手法です。

　企業の戦略は最大の企業秘密です。自社の企業戦略を安易に口にすることは避けなければなりません。

経営はＫＫＤだけでは足りない

　経営に必要なのは勘と経験と度胸（頭文字を取ってＫＫＤ）だよ、と中小企業の経営者が話してくれました。ＫＫＤだけではありません。知覚、嗅覚、センサーの役割をするセンスも必要ですし、色々な技も不可欠です。経営はアートだという人もいます。マーケティングの知識はやはり不可欠ではないでしょうか。最近はこれに加えてデータを重視する傾向が強まっています。データで自分のＫＫＤ、センスを裏付けて強化し、犯すかもしれない誤り、リスクを回避するのです。

情報技術の革命的な進化でこの情報・データの収集力は恐ろしく向上し、多くの人間行動がデータで表現されるようになり、ビッグデータの時代といわれています。情報収集技術、分析技術のおかげで今まで、経験則に頼っていた経営判断が科学的に裏打ちされるようになりました。科学的にデータに基づく判断、設計、行動が積極的に求められ、方針の決定にもデータ、エビデンスが必要になっています。

マーケティングではデータ駆使のために市場調査を徹底することから、マーケティングは即、市場調査だと思っている人がいます。もちろん重要な要素ですが、改めて調査せずとも入手可能な関連情報は身近にたくさんあります。農林水産省、経済産業省などの中央官庁や県庁、市町村、業界のホームページ、研究機関、公共図書館は役に立つデータの宝の山です。顧客の情報、食生活の実態、農産物の機能、流通業界の変化、価格動向、果ては農産物の栽培法まで情報は多面的、多角的に提供されており、欲しい情報やデータの入手はインターネットのおかげで容易となりました。業界紙、専門誌、雑誌も参考になります。スーパーマーケットやデパート、コンビニ、レストラン、食事会、懇親会など流通、消費の現場に出掛け購買者の購買行動を観察し、購買者の変化を感じ取ることも有効です。生きたマーケット情報、データは現場にたくさん潜んでおり、変化の予兆を読み取ることもできるのです。

アイデアとビジネスセンスが武器

マーケティングではアイデアが必要です。差別化、独自化を実現するにはアイデアとセンスが不可欠です。製品、サービス、イベントの開発、包装、カタログ、チラシ、ネーミング、ＰＲの仕方、ホームページの作成などアイデアとセンスの良しあしが成果を左右します。このアイデアを仮説と呼ぶこともあります。アイデアを展開する場合には、それが適切か否か事前に調査してみることが重要です。これもマーケット調査の一部になります。テストマーケティング、アンテナショップ、アンケート調査、インタービュー調査、試供、実地調査など手法は様々。農産物の場合には安全、安心、衛生面などについて詰めておかねばなりません。疑惑を招かせたり、倫理違反、反社会的だったりするアイデアは絶対ダメです。資金面、投資面、技術面、法的規制面などからのチェックも必要で、フィジビリティスタディ（実施可能性調査）やシミュレーションを実施してみることを勧めます。

アイデア誕生のベース

アイデアはどんなとき浮かぶのでしょうか。皆でディスカッションしているとき、歩いているとき、寝ているとき、それに突然のときもあります。いつもメモを用意して、アイデアがひらめいたらメモをしておきましょう。自分の独り善がりの願望や思い込み、偏見などのこともあるので、アイデアはしばらく放置しておいてからもう一度検討せよという人もいます。検証、検討、深掘りが必要なのは言うまでもありません。アイデアの発想法、必要な行動、心構えをいくつか紹介しておきたいと思います。

アイデア発想法

基本は自由な発想、発言の場づくりです。代表的なものが〝ブレインストーミング〟と呼ばれるものです。従業員や親しい趣味の仲間、スポーツ仲間、飲み友だち、顧客などと集まり、枠組みや、しがらみ、伝統、規制などにとらわれずにテーマと時間を区切ってディスカッションするもので、否定的な発言は避けて、前向きなプラス思考で新方法、チャレンジを探し求めます。大局的にものを捉える、時代環境の認識、自分たちの強み、活用などを梃子(てこ)にして、アイデアを生み出すのです。参考になる点を幾つか次に挙げてみます。

① **問題解決**　問題が何なのか、何についてアイデアが欲しいのかよく絞り込む。テーマ設定と考えてもよいものです。お客さんがあまり買い物に来てくれない。何が問題なのか。来てもらうために何か良いアイデアはないか。こちらからお客さんのところに行く。お客さんの不満を聞く。お客さんの苦情、不満はアイデアの源泉です。苦情不満をよく聞いて解決策を考えてみる。顧客の満足度を向上するにはどうしたらよいか。皆で討議すると、色々なアイデアが出ます。マーケティングは顧客満足の向上を図ること。満足の源泉は意外なところにあります。

② **応用と工夫**　他国で活用されているものを利用する。日本のコンビニはアメリカから来たものです。コーヒーも、バナナも、パイナップルも海外から来ました。ほかの国で使用しているものを日本でも利用する、ヒントにして日本式にして提供する。ほかの分

野で使用しているものを活用してもよいのです。サラリーマンから農業ビジネスに転身した人がサラリーマン時代に身に付けた知識、技術、情報を農業ビジネスで生かしている例もあります。製造業で誕生した新しい生活文化、例えば洗濯機、炊飯器、掃除機、建設機械などから農業ビジネスに応用できる工夫ではないでしょうか。調理装置の進歩は目覚ましく、電子レンジ、電気釜、ミキサー、オーブン、ジューサーが日本の伝統的な食文化を大きく変化させています。お釜でご飯を炊く時代は終わりました。

③ 伝統と業界の慣行、取り決め　日本人の考え方、我々の考え方、行動、生活様式の多くは伝統、業界の慣行、しがらみ、しきたりに縛られている場合があり、独創性が発揮しにくい場合があります。とりわけ食文化には長い伝統をベースとするものが多く、新製品の開発には苦労が多いようです。伝統を守ることも必要ですが、新しい食文化を時代の変化に応じて創造することが求められています。多くの新事業は業界の異端児が生み出しているのです。アウトサイダーが新製品、新ビジネスモデルを誕生させています。ペットボトルのお茶は誰が開発したか。ペットボトルの〝十六茶〟を販売しているのは静岡の化粧品メーカー、シャンソン化粧品です。歩きながら食べる文化はマクドナルド

表 3-3　満足の感じられる要素・要因

～ビジネスとは顧客への満足の提供～

顧客の立場にたって考え行動すること
信頼性の高さ
高品質かつ安全な商品、製品の提供
専門知識や経験に基づいたアドバイス
顧客とのよいコミュニケーション
アフターケアのよさ
気配り　真心
快い応対、態度・接客態度
心地よい施設、設備の提供
便利さ、重宝さの提供
異常事態への対応　臨機応変の動作、接客態度
適切な苦情処理、事故処理
苦しみや不合理なものを取り除くこと
迅速。待ち時間や時間ロスが少ないこと
時間や期限・納期の厳守
安価な商品、製品の提供
無差別かつ公平な商品・製品の提供
自由な選択を可能にする　品ぞろえが豊富
時間や空間による制約のない製品の提供
規律ある勤務態度

が持ち込んだといいます。

④ **現物現場主義**　ビジネスの勉強を積めば色々な情報、知識、理論、助言が耳に入ります。ビジネスプランの作成ではそれらを基に議論が行われますが、時として現場の実態を無視しがちです。現場を知らない、体験したことのない人もいます。現場を見ずに計画を立てた結果、実情に合わないことがよくあります。頭だけ、データだけ、情報のうのみは禁物です。マーケティングを通じて立てた仮説が適切かどうか、現場で見てみる、確認する、裏を取ることが重要です。現場から、良いアイデアが出てくるものです。自分の商品に対する顧客の実際の反応、顧客なりの利用法の中に、製品やサービスの改善のアイデアやヒントがあるのです。

⑤ **顧客ファースト**　政治の社会では国民ファースト、都民ファースト、アメリカファーストなどの言葉がしばしば登場します。ビジネスではもちろん顧客ファーストで、マーケティングの基本中の基本です。顧客のニーズ、欲求を知り、それを充足するにはどうしたらよいか、どのような商品、サービスを提供したらよいか、顧客の立場で考えるこ

とが重要であることを繰り返し強調しておきたいと思います。自分や業界が良いと思ってきたものが顧客に受け入れられないことがあります。視点が違うのです。前にも述べたプロダクトアウトの視点です。顧客ファーストの視点はアイデアの源泉です。顧客の生活文化や消費行動、生きざま、価値観などをよく観察すると思わぬアイデアを手にすることがあります。

⑥ **結果思考**　日本人は一般的に結果よりも結果を導き出すプロセスを重視、尊重する傾向があります。努力賞などを設けるのはその例です。改善の努力は多くの場合、プロセスの改善に向けられます。マニュアル好きなのはその一例とみる人もいます。定められたプロセスを、ただ守るだけではなく、時には離れてみるとどうなるか。もっと良い結果を生む革新的な方法が見つかるかもしれません。

⑦ **市民・顧客の社会的関心事**　その時代の社会問題、国際問題、価値観、経済問題、国の政策はマーケティング活動に大きな影響を与えます。エコ（環境意識）やもったいない意識、省エネ、産業廃棄物問題、人権、国産品愛用運動、地産地消運動、郷土愛、ふ

るさと創生、動物愛護、人間愛、共助、コラボレーション、NGOの運動、公共意識、ボランティア活動、CSR運動など実に様々な分野に関心は向かいます。これらが消費者の行動に影響を与えることが多く、これにマーケティング活動も対応しなくてはなりません。長寿健康や少子化、人口減少をテーマにしたキャンペーン、イベント、ビジネス、商品開発も盛んです。フェアトレードという言葉を聞いたことがあるでしょうか。発展途上国で作られた製品、農産品を適正な価格で継続的に取引することで、現地の過酷な労働条件を改善し、生活向上を図ろうという消費者運動です。外国から農産物を購入し日本でビジネスを展開する場合にはこの点を十分考慮する必要があります。

⑧ **人間を知る**　マーケティングには文化人類学の知識、人間愛、倫理観が必要です。人間行動、欲求、心理などを常に観察し、分析し、人間を正しく捉える必要があります。国により、地域により、時代によりこれらは絶えず変化、進化してゆくものであることを忘れずに、それに対応し、自身も変化、進化することが重要です。このような態度、思考が新しいアイデアの源泉ともなるのです。

⑨ **倫理と規制**　マーケティング活動は信頼、信用がベースとなっています。不誠実、欺瞞、偽装、偽り、安全・安心の阻害はビジネスを破滅に導きます。利益追求に走り顧客に被害をもたらすものを提供することは倫理違反です。法令順守、コンプライアンスの徹底はその基本でもあります。ビジネス関連の基本的な法知識に加えて農業ビジネス関連の法律、規制についてよく勉強しておきましょう。行政機関から指導、助言も得られます。この倫理、規制もマーケティングの上で、アイデアにつながることもあります。

第４章

農業におけるマーケティングの大切さ（岩崎邦彦）

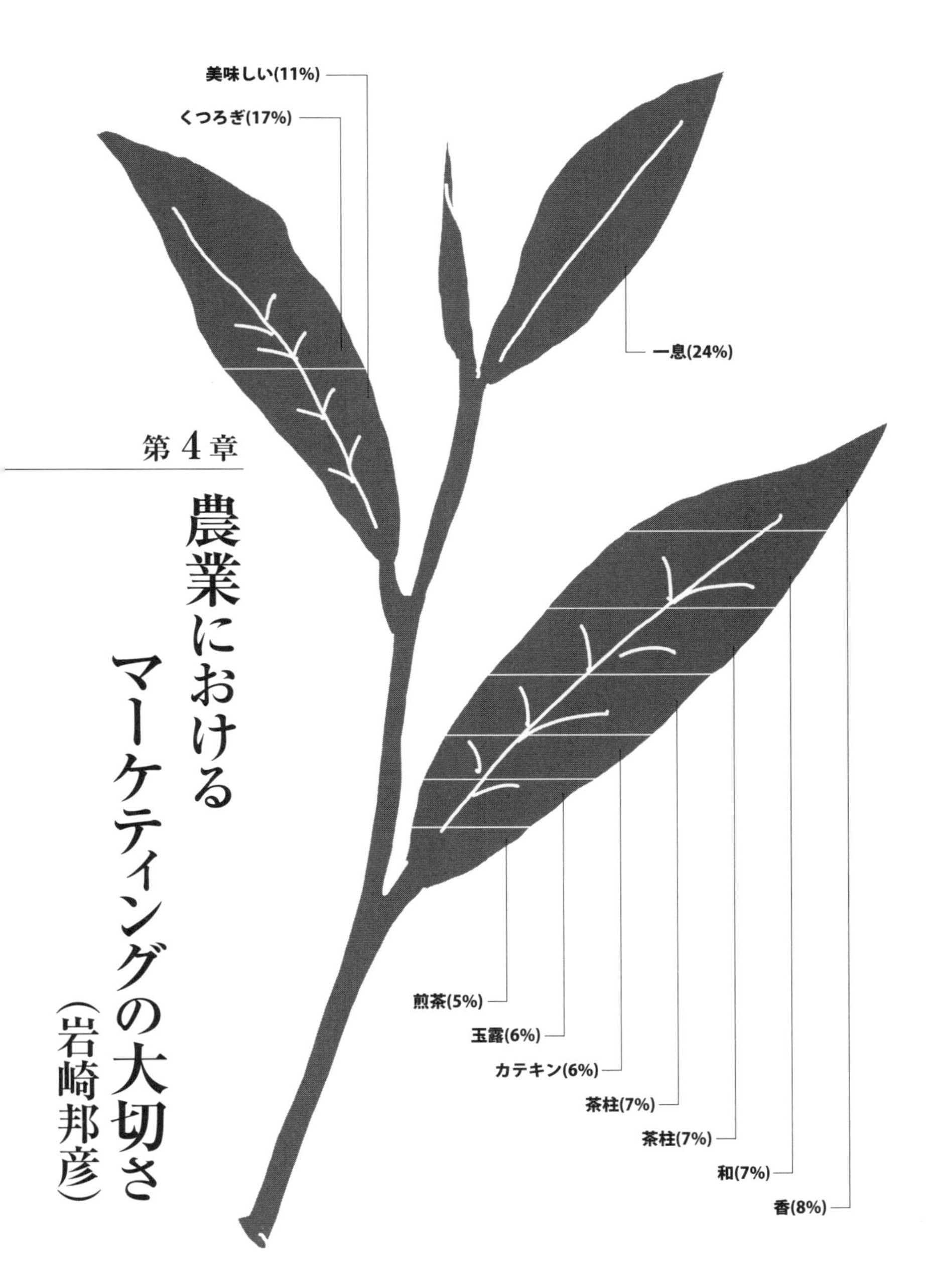

「急須でいれるお茶」と聞いて消費者が思い浮かべる言葉

農業分野におけるマーケティングへの関心の高まり

今日、農業の分野においてもマーケティングへの関心が高まっています。図４‐１のグラフは、「農業」と「マーケティング」という言葉が出てくる新聞記事の長期的な推移を示しています。右肩上がりで増えていることは明らかでしょう。

この図をみると、農業のマーケティングに関する記事は、１９８０年はゼロ件であったものが、80年代以降右肩上がりで伸び、２０１６年には121件と3日に1回のペースで、全国紙などに掲載されるようになっています。記事数が増えているということは、農業分野においてマーケティングの関心が高まっているということを示唆しているといってよいでしょう。

今や、農業の分野においても「マーケティング」という言葉を聞いたことのない人は、ほとんどいないかもしれません。とはいえ、マーケティングの捉え方には人によって大きな違いがあり、実に多様です。

「マーケティングとは何ですか？」。農業の現場で聞いてみると、ある人は「売り込み」と答え、別の人は「市場調査」や「データ分析」と答えます。「商品開発」と答える人も

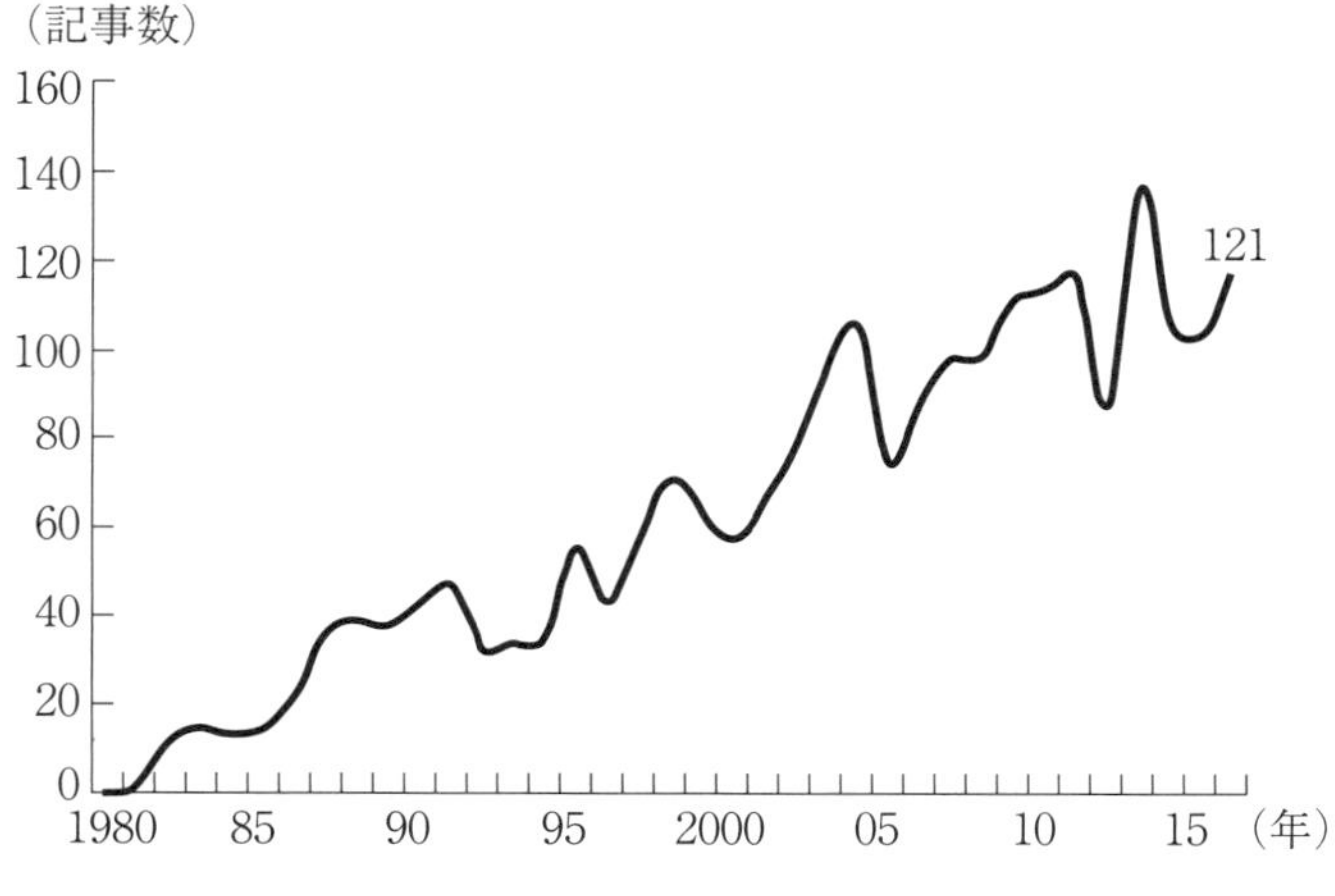

図 4-1　農業マーケティングに関する新聞記事の推移

注）全国紙5紙および日経産業新聞・日経MJの見出し・本文に、「農業」と「マーケティング」という言葉が一緒に出現した数の推移を示している。
出所）岩崎（2017）

いれば、「広告宣伝」と答える人もいます。どれも部分的には正しいのですが、全体を捉えてはいません。

「これからの農業において、マーケティングが大切だ」と声高に叫んでみても、関係する人々がそれぞれ違うイメージを頭に描いていたのでは、議論はかみ合わず、効果的なマーケティング活動ができません。前提は、まず、メンバーが「マーケティングとは何か」について、ベクトルを合わせることです。

以下、本章では、「農業におけるマーケティングとは何か」について検討していくことにしましょう。

マーケティングとは何か

マーケティングとは、どのような活動なのでしょうか。マーケティングの意味を理解するためには、その英語の字面をみるとよいかもしれません。

マーケティングを英語で書くとMarketing。「Market」+「ing」という構造です。「Market」の意味を英和辞典で調べると、最初に出てくるのは「市場（いちば）」という意味ですが、マーケティングにおける「Market」は「市場」でなく、「顧客」と捉えると分かりやすいでしょう。マーケティングとは「顧客＋ing」、換言すると「顧客の創造」です。

生産者がいかに品質の高い農産物をつくったとしても、それを食べてくれる「顧客」がいなければ、生産を続けることは不可能です。農業がビジネスとして成立するためには、「農産物をつくる」だけではなく、「顧客をつくる」こと、すなわち、マーケティングが欠かせません。

農業において、顧客を創造するためには、農と食をつなぐことが必要です。つまり、農業のマーケティングとは、「農と食をつなぎ、顧客を創造する活動」と捉えることができるでしょう。

農業のマーケティング＝農と食をつなぎ、顧客を創造する活動

消費者は「価値」を買う

では、どうすれば「顧客を創造する」ことができるのでしょうか。そのためのキーワードは「価値」です。

例えば、化粧品を買う消費者を考えてみましょう。化粧品そのものは、水と香料と油などで出来た「物質」（モノ）ですが、化粧品を購入する顧客は、化粧品というモノを買っているのでしょうか。そうではありません。化粧品がもたらす、「美しさという価値」を買っているのです。

以前、大手化粧品メーカーのトップマネジメントの方が言っていた「お客さんは商品を買うのではなく、きれいになることを買うのだ」という言葉が、これを明快に表現しています。

消費者は「物質（モノ）」を買っているのではなく、「価値」を買っている。これがマー

ケティングの発想です。

「たべるモノ」から「たべるコト」へ

化粧品の例を挙げましたが、農業の分野においても同様です。例えば、「トマト」と「花」をイメージしてみましょう。消費者は、トマトという「農産物」を買うのではありません。おいしさ、健康、楽しい食卓といった「価値」を買っているのです。花という「植物」を買うのではありません。感謝の気持ち、癒やし、快適な空間といった「価値」を買っているのです。

農産物の生産者は「農産物を売ろう」「食べ物を売ろう」と考えがちです。発想を変えてみましょう。消費者は「たべるモノ」ではなく、「たべるコト」に価値を感じ、価値に対してお金を払っているのです。

顧客が認識する価値が高ければ、相対的に高い価格であっても売れるでしょう。逆に、消費者は、自分にとって全く価値がなければ、たとえ1円でも買わないかもしれません。マーケティングは、「価格」の競争でなく、「価値」をめぐる競争なのです。

「価値」を把握する

マーケティングの第一歩は、価値を把握することです。より理解を深めるために、以下では「緑茶」のケースを考えてみましょう。

「静岡と聞いて、何を思い浮かべますか?」。以前、全国の消費者に聞いてみたところ、第一位は「お茶」でした(ちなみに、第2位は「富士山」でした)。静岡は日本最大の茶どころ。茶の生産量のみならず、消費量も全国一です。静岡の茶生産のレベルはとても高く、静岡には高品質なお茶がたくさんあります。

とはいえ、静岡の茶葉の生産量は減少傾向です。消費者の茶葉に対する支出額も減少しています。他産地からの追い上げも厳しくなっています。このような状況を受けて、緑茶業界でも、マーケティングがクローズアップされています。

以前、筆者(岩崎)が、緑茶業界の方々からマーケティングに関する相談を初めて受けた時、まず頭に浮かんだことは、「消費者は、緑茶にどのような価値を求めているのだろうか」ということでした。消費者が求める価値を知ることが、緑茶のマーケティング活動の前提となるはずです。

当時の緑茶の業界をみると、「〝茶葉〟が売れない。だから、〝茶葉〟を何とか売り込もう」とする傾向がみられました。だから、「茶葉を利用しよう」といったプロモーションを盛んに行っていました。

果たして消費者は、葉っぱ（茶葉）を買っているのでしょうか。そうではありません。消費者が買っているのは茶葉ではなく、緑茶がもたらす「価値」のはずです。

急須でいれる「緑茶」の価値は何か

そこで、筆者は、東京など大消費地の消費者を対象に調査を行ってみました。方法は、とてもシンプルです。

以下に示す文章を消費者に示し、□の中に、思い浮かぶ単語一つを記入してもらいました。言語の連想から、消費者が急須でいれた緑茶について抱いている価値を明らかにしようと考えたのです。皆さんだったら、どのような単語を入れますか？

急須で飲む緑茶と言えば、□。

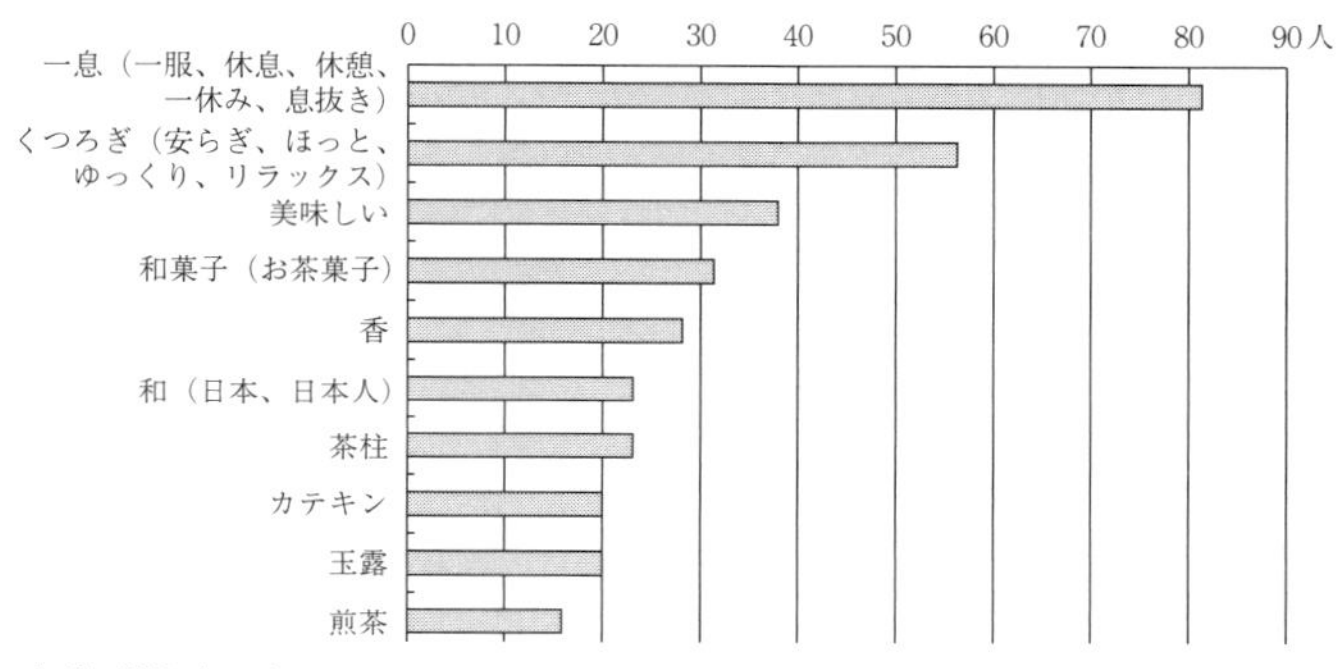

出所）岩崎（2008）

図 4-2　「急須でいれる緑茶」と聞いて、消費者が思い浮かべる言葉

消費者に聞く前に、緑茶業界（売り手）にこの質問をしたところ、「茶葉」「カテキン」「健康」「渋い」「静岡」といった回答が多く聞かれました。さて、消費者（買い手）はどのような言葉を挙げたのでしょうか。回答してくれた消費者は東京と神奈川に住む789人です（岩崎、2008）。

自由に単語を書いてもらったので、バラバラの答えになるのかと思いきや、圧倒的に多くの人々が共通して挙げる言葉がありました。それは「一息」「くつろぎ」「やすらぎ」「リラックス」です。これらの単語は、ほぼ同義です。そう、消費者は、急須でいれる緑茶にやすらぎ、リラックスといった「価値」を求めているのです。

決して、茶葉という「モノ」を買っているわけではありません。売り手の多くが挙げた「茶葉」（お茶の葉）と回答した消費者は、789人中わずか2人しかいませんでした（図4‐2）。

事業を「再定義」する

だとすれば、茶葉をいくら売り込もうとしても、消費者が買いたいと思わないのは当然かもしれません。消費者は売り込まれることを嫌います。自らの意思で買いたいのです。買いたいと思ってもらうためには、消費者が求める価値である「やすらぎ」「ホッと一息」「リラックス」などを提供することが必要でしょう（「茶」という漢字をじっくり見てください。草冠の下に、「人がホッとする」と書いてあるようにも見えます）。

そう考えると、緑茶業界は、お茶の葉っぱを売る「茶葉ビジネス」ではありません。事業の再定義が必要です。マーケティング的な発想に立つと、緑茶業界は、消費者に「やすらぎ」や「くつろぎ」を提供する「やすらぎ提供業」「リラックス・ビジネス」と捉えることができます。

事業を再定義すれば、マーケティングのやり方も当然変わってくるはずです。例えば、店舗は、単に茶葉を販売する場所ではありません。やすらぎの空間と時間を提供する舞台になります。ソフトな照明、リラックスできる店舗空間、店内には心を和ませるBGMが流れているのも良いかもしれません。

「休日の午後、ゆったりとした音楽を聴きながら、一杯の緑茶を飲み、ほっとくつろいでいる」

「ティーポットから漂う爽やかな香り、カップに注ぐ美しい緑色。そして、温かな味わい。五感で癒やされている」

こんなシーンをイメージすると、何となく緑茶が飲みたくなりませんか。単に、「茶葉を買って」と一方的に言われても、買いたい気持ちにはならない。それが消費者なのです。

「販売」と「マーケティング」は正反対

ここで述べたことは、緑茶の業界だけの話ではありません。あらゆる農産物、商品、企業に当てはまることです。商品の販売が不振になると、何とか今ある商品を売り込もうという、売り手の発想に陥ってしまいます。「売りたい気持ち」が先行してしまいます。「売れない。だから、何とかして、売り込もう」。これまでの農業者の試みをみても、自分たちが生産する農産物を何とか売り込もうと努力を続けてきた観があります。実は、これは、「販売の発想」です。マーケティングの発想は逆です。「マーケティング」は、どう

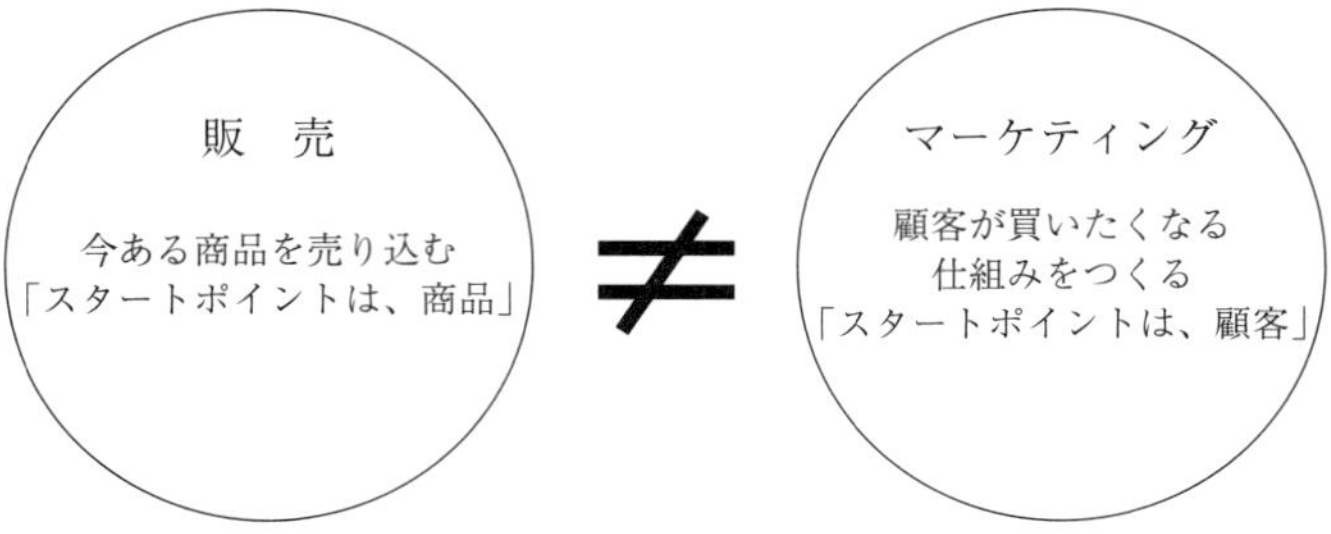

販　売

今ある商品を売り込む
「スタートポイントは、商品」

≠

マーケティング

顧客が買いたくなる
仕組みをつくる
「スタートポイントは、顧客」

図 4-3　「販売活動」と「マーケティング活動」は違う

したら消費者が買いたい気持ちになるのかを考えるのです。「作ったものをいかに売るか」が販売であり、「買いたくなる商品をいかに提供するか」がマーケティングです。販売活動のスタートポイントは「商品」ですが、マーケティング活動は、「消費者」がスタートポイントになります。顧客が買いたくなる仕組みをつくること。それがマーケティングの発想なのです。

「食」を例に取ると、販売とマーケティングの発想の違いは、上記の通りです（図4‐3）。販売とマーケティングの「発想の起点」が180度違うことが分かるでしょう。

・販売　　　　　　　「ぜひ、食べてください」
・マーケティング　　「ぜひ、食べたい」

ピーター・ドラッカーは、「マーケティングの狙いは、販

表 4 - 1　生産者目線か、消費者目線か？

どちらに近いですか。	生産者目線	やや 生産者目線	やや 消費者目線	消費者目線
生産者目線を重視／消費者目線を重視（%）	5.3	42.2	43.5	9.0

出所）岩崎（2017年）

売を不要にすることである」と言っています。消費者が商品を買いたくなってくれれば、無理に売り込む必要はなくなるということでしょう。

マーケティングに成功するためには、「どうすれば、商品を顧客に売ることができるのか」と考えるのではなく、「どうすれば、顧客が商品を買いたくなるか」考えることが大切です。

顧客と同じ方向を向こう

消費者目線の重要性は、データからも明らかです。全国の農業者に次のような質問をしてみました。

> あなたは「生産者目線を重視」か「消費者目線を重視」のどちらに近いですか？

結果は、表4－1に示す通りです。「生産者目線」を重視している

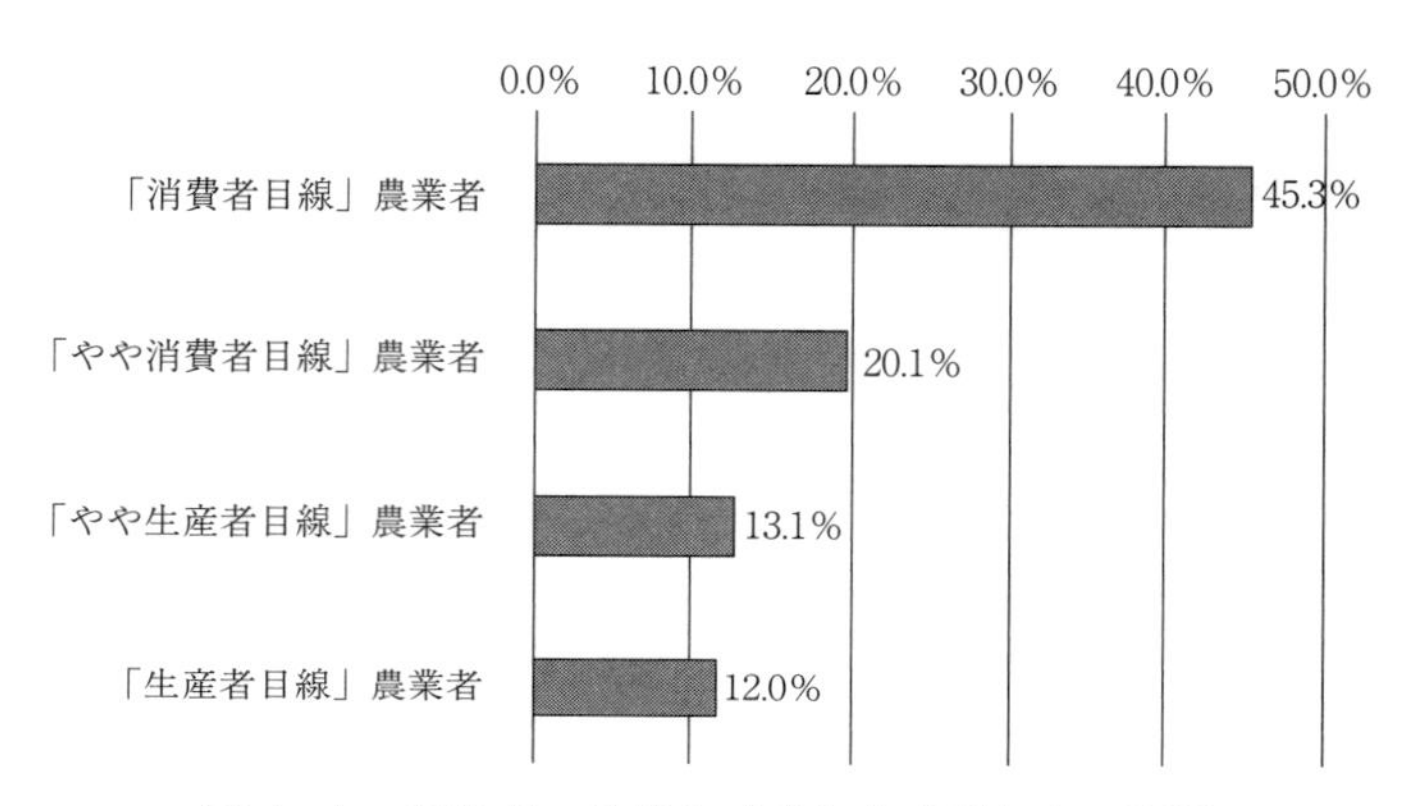

図 4-4　農業者の目線と「売り上げ増加」の関係

出所）岩崎（2017年）

生産者と「消費者目線」の生産者は、ほぼ半々でした。

この回答結果と売り上げ高の推移を見たものが図4‐4です。「生産者目線」の農業者と比較して、「消費者目線」の農業者が売り上げを伸ばしていることが分かります。

マーケティングにおいて大切なのは「消費者目線」「生活者目線」で考えることです。消費者と同じ方向をみた上で、消費者の一歩先を行く。つまり、消費者の気持ちを想像し、理解した上で、消費者に価値の提案をすることです。「消費者の思い」と「生産者の思い」が共鳴するときに、おいしさの感動が生まれるのです。

参考文献

・岩崎邦彦「緑茶のマーケティング：茶葉ビジネスからリラックス・ビジネスへ」農文協、２００８年
・岩崎邦彦「農業のマーケティング教科書：食と農のおいしいつなぎかた」日本経済新聞出版社、２０１７年
・ピーター・Ｆ・ドラッカー「マネジメント（上）課題・責任・実践」ダイヤモンド社、１９７４年

あとがき

農林水産省は20世紀末、農業や農村を取り巻くわが国及び世界の状況に対応するため、「新しい食料・農業・農村政策の方向（新政策）」（1992年6月）を公表しました。金融、税制、普及活動などの経営支援を打ち出し、以来法人化の推進に取り組んできました。

その進捗については新聞報道から窺うことができます。日本経済新聞のデータベースによると、「農業法人」をキーワードとする記事件数は1990～99年の10年間は64件、2000～09年149件、2010～2019年8月456件と、年を追うごとに急増しています。具体的には以下のような記事が挙げられます。青果の卸売業者がJAと連携して農地、人材を確保して野菜の生産と販売を一気通貫で手掛ける法人を設立▽埼玉県が農業法人育成支援策として経営塾を開催。目標は売上高5千万～1億円以上▽2018年に豪雨被害に遭った岡山県の農業法人が新たに社員を採用するとともに新商品を開発し2～3年後に年商5千万円を目指している——等々。

静岡県内の事例では、2019年の日本農業大賞に輝いた「京丸園」（浜松市）を農水大臣が視察したとの記事が目に留まりました。京丸園はチンゲン菜やミツバを生産している農業法人（株式会社）です。従業員１００人のうち25人が障がい者で、農業と福祉が連携した障害者雇用の取り組みとしても期待されているとのことでした。

マスコミには今、毎日のように全国各地の農業法人が紹介されています。これからその出番は増え、登場の頻度はますます高まるに違いありません。

日本の農業は将来的に国内だけでなく海外の需要にも積極的に対応し、活路を見いだしていかなくてはなりません。高品質な野菜や果物、それらを原料にした付加価値の高い加工品は大きなセールスポイントですが、販売ルートの確保にはマーケティングが欠かせません。農業は経験や勘頼みの小規模農業からＩＣＴ（情報通信技術）、ＡＩ（人工知能）を活用したスマート農業へと変貌し、経営規模の拡大も予想されています。農業用ロボットにせよ施設栽培にせよ、事業の展開には一定の規模、資金、人材が必要であり、それには農業法人という経営形態が求められます。

既に売り上げベースで世界有数の農業国・日本を一層飛躍させ、農業を先端産業にしていく主役は、いうまでもなく農業法人でしょう。本書が新たな農業ビジネス担い手を新たな成功のシナリオへと導く一助となることを心より願う次第です。

最後になりましたが、原稿作成に当たり様々な資料を提供いただいた静岡県経済産業部の皆さま、表紙デザインや挿絵を作成してくださった静岡産業大学の小林克司教授、学生の髙田眞弥さん、脱稿まで辛抱強く応援してくださった静岡新聞社出版部の庄田達哉さま、佐野有利さまに感謝の意を表します。

著者プロフィール

第1章

堀川 知廣

専門は、産業政策、農業政策。名古屋大学農学部農学科卒。静岡県庁で農業・産業行政を担当、経済産業部長を経て、現在静岡産業大学副学長･情報学部長。公益社団法人静岡産業振興財団フーズ・サイエンスセンター長。静岡県茶業会議所理事。

大谷 徳生

専門は農業行政。千葉大学大学院園芸研究科修了。1981年～2016年、静岡県に勤務。農業行政、普及指導、研究に従事。16年3月末に定年退職。その後、公益社団法人静岡県農業振興公社理事長（2016年～現在）。静岡産業大学情報学部非常勤講師（2016～18年）

稲葉 穎

中国・大連出身。2000年留学で来日。静岡産業大学情報学部卒。藤枝市役所産業政策課（2014年～19年3月）で6次産業化推進、市産品の国内外への販路開拓を担当。

岡 あつし

静岡大学農学部卒。静岡県入庁後、農業改良普及員として主として茶生産指導を担当後、県庁で、農業の担い手育成、農業農村整備、茶の生産流通等の分野で農業行政に携わる。静岡県農林技術研究所長兼農林大学校技監（2017年4月～19年3月）

第2章

谷 和実

静岡産業大学客員研究員。京都大学法学部卒。静岡県空港部長、（財）静岡総合総合研究機構副理事長、静岡産業大学特任教授兼総合研究所所長代理を経て現職。

清水 和義

静岡県藤枝市出身。幼いころの遊び場はハウス、田んぼという環境で、農業を行う父の背中を見て育つ。一度は農業を離れようとした時期はあったが、父の影響を受け、現在自分なりのやり方で家業を継いでいる。今後の目標は後継者の育成。

加藤 百合子

1974年千葉県生まれ。1998年東大農学部卒、英国で修士号取得後、NASAのプロジェクトに参画。帰国後は、精密機械の研究開発を経て、2009年エムスクエア・ラボを設立。2012年青果流通革新「ベジプロバイダー事業」で政投銀第1回女性新ビジネスプランコンペ大賞受賞。2017年やさいバス株式会社を設立。

第3章
大坪 檀
静岡産業大学総合研究所所長。東京大学経済学部卒、カリフォルニア大学大学院MBA。㈱ブリジストン経営情報部長、米国ブリジストン経営責任者、宣伝部長。1987年より静岡県立大学経営情報学部教授、学部長、学長補佐。静岡産業大学学長、ハーバード大学、ノースカロライナ大学客員研究員を歴任。ペンネーム千尾将で著書多数。

第4章
岩崎 邦彦
専門はマーケティング。上智大学経済学部卒業。博士（農業経済学）。長崎大学経済学部助教授などを経て、現在、静岡県立大学経営情報学部教授、地域経営研究センター長、学長補佐。著書に「農業のマーケティング教科書」「小さな会社を強くするブランドづくりの教科書」「引き算する勇気」（いずれも日本経済新聞出版社）などがある。

儲かる　農業ビジネス

2019年11月27日　初版発行

著者／新農業経営研究会（堀川知廣・大坪檀）編
挿絵指導／小林克司（静岡産業大学情報学部教授）
挿絵／髙田眞弥（静岡産業大学情報学部3年）
カバー・表紙デザイン／塚田雄太
編者／静岡産業大学
発行／静岡新聞社
〒 422-8033　静岡市駿河区登呂 3-1-1
印刷・製本／三松堂㈱
ISBN978-4-7838-2263-9 C0034